Osprey Aircraft of the Aces

Polish Aces of World War 2

Robert Gretzyngier
Wojtek Matusiak

Osprey Aircraft of the Aces
オスプレイ・ミリタリー・シリーズ

世界の戦闘機エース
10

第二次大戦の
ポーランド人戦闘機エース

[著者]
ロベルット・グレツィンゲル×ヴォイテック・マトゥシャック

[訳者]
柄澤 英一郎

[日本語版監修] 渡辺洋二

大日本絵画

カバー・イラスト／イアン・ワイリー　　　　フィギュア・イラスト／マイク・チャペル
カラー塗装図／ロベルット・グレツィンゲル、　スケール・イラスト／ロベルット・グレツィンゲル
　　　　　　ロベルット・「ブバ」・グルジェンニ

カバー・イラスト解説

1944年7月30日、ノルウェー沖で、第315飛行隊長エウゲニウッシュ・「ジュベック」・ホルバチェフスキ少佐のマスタングⅢが空戦中の光景。この戦いで同部隊のマスタング6機は、ドイツ戦闘機8機を撃墜した。以下は少佐の戦闘報告。

「7月30日15時55分、ノルウェー海岸上空でボーファイターを護衛中、約15機のMe109に遭遇、これを攻撃した。高位にいた我々に対し、敵は退避行動をとらなかった。多分、これほど北方まで単発戦闘機が現れるとは予想せず、別部隊のメッサーと誤認したものと思われる。私は急降下し、その1機に3秒間の連射を浴びせると、敵は発火してそのまま海に落ちた。再び上昇する途中、別のMe109を下方に発見したので降下し、連射した。敵の操縦室と両翼に弾着が見え、冷却液が噴き出して速度が落ち、高度が下がっていった。私は機銃が故障したため、敵機の横に付き、無線で2番機(ボジダル・ノヴォシェルスキ中尉)を呼んだ。敵機は風防が飛び、操縦士は顔を血まみれにして、両手を挙げていた。

「敵機はノルウェー海岸に向かっていたので、私は2番機に攻撃を命じた。2連射ののち、敵機は海に落ちた。最後に見たとき、敵操縦士は救命胴衣を付け直していた。私はMe109 1・1/2機撃墜を報告する」

この戦闘で、ホルバチェフスキは通常の乗機、FB166/PK-Gに搭乗していた。詳細はカラー側面図43を参照のこと。7月末には爆撃出動回数を示すマークがこの図よりもっと増え、また風防の下にはV1号撃墜マーク4個が描かれていたと考えられる。

前ページ写真解説

第113飛行隊所属のP.11c「白の10」(シリアル8.70)が、緊急出撃訓練中の光景。1939年9月1日、この機体はかなりの損傷を受けたが修理された。その後の本機の姿はカラー側面図1に示す。
(Kopański)

凡例

■ポーランド空軍の戦術単位として頻出する Eskadra には「飛行隊」の日本語訳を与え、ほかは文中で随時、訳語と原語を併記した。
■このほかの各国の軍事航空組織については、以下のような日本語訳を与えた。
英空軍(RAF＝Royal Air Force)
Group→集団、Wing→航空団、Squadron→飛行隊、Flight→小隊、Section→分隊
米陸軍航空隊(USAAF＝United States Army Air Force)
Air Force→航空軍、Group→航空群、Squadron→飛行隊
フランス空軍(Armee de l´Air)
GC (Groupe de Chasse)→戦闘機大隊(例：GC Ⅲ/1→第1戦闘機大隊第Ⅲ飛行隊)
ドイツ空軍
Geschwader→航空団、Gruppe→飛行隊、Staffel→中隊
Jagdgeschwader (JGと略称)→戦闘航空団(例：I./JG27→第27戦闘航空団第I飛行隊)
kampfgeschwader (KGと略称)→爆撃航空団(例：8./KG2→第2爆撃航空団第8中隊)
Lehrgeschwader (LGと略称)→教導航空団
Stukageschwader (StGと略称)→急降下爆撃航空団
■訳者注、日本語版編集部注、監修者注は[　]内に記した。

訳者覚え書き

ポーランド語の文字の多くは英語のそれと共通だが、ほかに形が少し違い、発音も異なる文字がいくつかある。これらを英語文献では形の似た英字で代用してしまうことが多く、それをそのまま"英語読み"すると、原音とは少々違ったものになる。本書原本にはポーランド文字が使われており、日本語版もそれに従い、地名・人名表記を出来るだけ原音に近づけるよう努めた。これらにつき、貴重なご指摘をいただいた戦史研究家トマッシュ・コット氏に、厚く感謝したい。

また今日、一般に「Bf109」と表記される機体は戦中は「Me109」と呼称されていた。本書でも、当時書かれた文書からの引用に現れた場合は原文を尊重し、あえて「Bf109」に統一はしなかった。

翻訳にあたつては「Osprey Aircraft of the Aces 21 Polish Aces of World War 2」の1998年に刊行された初版を底本としました。[編集部]

目次 contents

頁	章	タイトル
6	introduction	最後と最初の撃墜 the last and the first
7	1章	戦いへ into battle
13	2章	シコルスキ将軍の旅行者たち sikorski's tourists
20	3章	英国のための戦い battle for britain
26	4章	ポーランド空軍の再生 PAF reborn
49	5章	ノーソルト航空団 northolt wing
57	6章	スカルスキのサーカス skalski's circus
63	7章	米陸軍航空隊コネクション US connection
69	8章	大陸反攻とその後 invasion and on
78	9章	英雄たちに何が起きたか？ whatever happened to the heroes?

84	付録 appendices
84	PAF人員の階級
84	ポーランド空軍戦闘序列
85	ポーランド人戦闘機エース
87	ポーランド人の対V1号エース

34	カラー塗装図 colour plates
87	カラー塗装図解説

47	パイロットの軍装 figure plates
95	パイロットの軍装解説

introduction

最後と最初の撃墜
the last and the first

　1945年4月25日、およそ19時ごろ、フリーザック(ベルリンの北西40km)から約8km西で、Yak-9M「白の87」(シリアル3215387)に搭乗したヴィクトル・カリノフスキ少尉は、1機のFw190を撃墜した。この操縦士の12機目の戦果であり、また第二次大戦で、ポーランド空軍(PAF)を名乗る組織に属するエースによる最後の撃墜だった。

　いわゆる「人民ポーランド軍」は、スターリンが正統ポーランド政府と外交関係を絶ってのち、その後押しで組織され、4個の戦闘機連隊をもっていた。これらの部隊は1944年遅くに戦闘に参加し、終戦までに20機弱の戦果をあげたが、うち2機は部隊でただひとりのエース、カリノフスキによるものだった。

　このPAFの最後の戦果は、やがて起こることの不吉な前兆となった。なぜなら、カリノフスキはポーランド人でも何でもなく、急造のポーランド人部隊の尻を叩くために送り込まれた大勢のソ連人将校のひとりだったからだ――ポーランド人将校は1939年、侵入したソ連軍に大勢が捕らえられ、戦争末期のこのころには、ほとんど生き残っていなかった事情はあるにせよ――。カリノフスキはまもなく母国に帰還することになる。

　カリノフスキの所属部隊名、第1戦闘飛行連隊「ワルシャワ」(1 Pułk Lotonictwa Myśliwskiego "Warszawa")は、戦前にワルシャワを基地としていた「第1飛行連隊」(1 Pułk Lotniczy)とのつながりをほのめかしている。最後の戦果と関連して皮肉なのは、そのほぼ9年前、当時この連隊にいた未来のポーランド空軍エース、ヴィトルッド・ウルバノヴィッチュ少尉が初めて撃墜したのが、なんとソ連機だったことだ。

　1936年8月、それまでもよくあったように、ソ連軍用機1機がポーランド領空に侵入し、迎撃に舞い上がってきたポーランド戦闘機の信号弾にも引き返そうとしなかった。若かったウルバノヴィッチュはこうした挑発的な振る舞いに我慢がならず、ただちに侵入者を叩き落とした。だが上官たちはウルバノヴィッチュの行動をこの種の事件処理のための文明的なやり方とは考えず、やがて彼はもっとも名誉ある「コシチュッシュコ飛行隊」(Eskadra Kościuszkowska)を去ることを余儀なくされ、デンブリンのポーランド空軍士官候補生学校(Szkoła Podchorążych Lotnictwa)に教官として送られた。ウルバノヴィッチュの活力がよりよい方向に発散され、その技術が多くの若いパイロットに伝わるのを期待されてのことだった。

chapter 1

戦いへ
into battle

　1939年の夏が過ぎつつあるあいだ、ヨーロッパの政治情勢は、ほとんどの人に戦争が切迫していることを感じさせた。8月23日、ポーランド空軍(PAF)は戦時態勢に再編され、固有の基地をもつ航空連隊は解隊、個々の飛行隊(Eskadra)は予定の計画に従って配備された。ワルシャワ防衛のためには、第1戦闘集団(Zgrupowanie Myśliwskie)からの4個飛行隊に、クラクフの第123飛行隊を加えて、追撃旅団(Brygada Pościgowa)が編成された。その他の戦闘機部隊は、当時の主流だった厳密な空陸協力思想に基づき、陸軍に配属された。再編前後のポーランド空軍戦闘機部隊戦闘序列については、本書の付録で説明してある。

　ドイツ軍の攻撃を予想し、ほとんどすべての戦闘部隊が平時の基地から前進飛行場に移動した。8月24日から31日にかけ、戦闘飛行隊はすべて小さな飛行場に移り、この週のあいだに何度もその臨時基地を変えた部隊もあった。

　この移動のおかげで、9月1日の朝、PAFのおもな基地を攻撃したドイツ軍爆撃機隊は、飛行機については少数の非可動機を破壊したに過ぎず、ドイツ空軍に対抗すべきポーランド戦闘機戦力はそっくり無傷で残された。だが、最初の攻撃波からは生き残ったものの、客観的に見ればPAFが優勢なドイツ機に勝つチャンスはほとんどなかった。ポーランド軍のP.11戦闘機はすでに戦争

1920年に起きたポーランド対ボリシェヴィキの戦争で、アメリカ人義勇兵メリアン・C・クーパー(左)とセドリック・E・フォントルロイは、全員アメリカ人からなる「コシチュッシュコ飛行隊」を設立して戦った。部隊章はアメリカの星条の上に、ポーランド農民の帽子と戦闘用の大鎌を描いたもので、帽子と大鎌はコシチュッシュコ将軍が指導した1794年の反ロシア暴動の際の旗印だった。コシチュッシュコはアメリカ独立戦争にも独立派の将軍として加わっていたから、ポーランドとアメリカの軍事的連帯にとって、この上ない守護者となった。(Kopański)

ポーランドで設計、製作されたPWS-26は、デンブリンの未来の戦闘機操縦士たちが使用した主要な初等練習機だった。盲目飛行の訓練にも使われた。(Kopański)

前にドルニエDo17偵察機に遭遇したことがあり、ドイツ機のほうが高空を飛べ、速度も大きくて迎撃できないことを経験していた。

　同じ状況が開戦後、何度も繰り返された。防空哨がドイツ機の襲来を探知し、迎撃のため戦闘機を緊急発進させても、戦闘機が敵機を捕捉できなかったのだ。劣性能のP.11部隊が初の損失を出したのも、多数のドイツ爆撃機編隊に立ち向かおうとしたときのことだった。こうした不公平な戦闘は、戦闘機を相手に選ぶ戦法を取らせ、また接近してくる敵の早期識別を重視させる結果を生んだ。かくしてポーランドの戦闘機パイロットたちは、連合国軍のなかではもっとも早くから、2機をひと組とし、ゆったりと間隔を空けた編隊で飛ぶようになっていた。

　戦争第1週には熾烈な空戦がたびたび起こった。今日一般に認められている第二次大戦最初の撃墜は、あるJu 87のパイロットが、クラクフで離陸中のP.11cを撃ち落としたものだった（より詳しくは「Osprey Combat Aircraft 1——Ju87 Stukageschwader 1937-41」を参照されたい）。その数分後にはヴワディスワフ・グニッシ少尉が2機のDo17を撃墜している。だがこれらの戦闘はほんの前座で、「本番」はワルシャワ近郊で7時15分ごろに始まった。ドイツ第1

ポーランド空軍航空士官候補生学校では生徒たちの健康がきわめて重視された。写真は教官ヴィトルッド・ウルバノヴィッチュ中尉が、恒例のスキー訓練に生徒たちを先導しているところ。教官のうしろは順にスタニスワフ・ユシュチャック（のち第303飛行隊で戦死）、スタニスワフ・ボッホニャック（終戦時、第308飛行隊の「A」小隊長）、氏名不詳、ボレスワフ・カチマレック（終戦時に第302飛行隊長。のち1950年代にパキスタンのジェット戦闘機で死亡）、そして「ジュベック」・ホルバチェフスキ。これらの生徒たちは第13期生で、開戦前に任官したデンブリン士官候補生学校の最後のクラスである。PAFの公式エース・リストでは、ウルバノヴィッチュが2位、ホルバチェフスキが3位にランクされている。(Bochniak)

第111飛行隊の戦闘機。この部隊はコシチュッシュコ飛行隊の伝統を受け継ぎ、1920年の古い部隊章を使い続けた。写真はたぶん開戦の数週間前の撮影で、「白の5」と「2」はP.11c、ほかはもっと旧型のP.11aである。(Kopański)

　教導航空団の第I(駆逐)飛行隊(I.〈Z〉/LG1)に属する24機のBf110C(指揮官ヴァルター・グラープマン少佐)に護衛された第1教導航空団第II(爆撃)飛行隊(II.〈K〉/LG1)のHe111P 35機(指揮官アルフレート・ビューロヴィウス大尉)が、追撃旅団のP.11に迎撃されたのだ。戦果第1号のハインケルはアレクサンデル・ガブシェヴィッチュ中尉とアンジュジェイ・ニェヴィアラ伍長の協同撃墜となった(ガブシェヴィッチュはのちに勝利の記念に敵機の尾翼部品を獲得した)。この戦果にほかのパイロットたちもすぐに続く。アダム・コワルチック大尉(IV/1大隊長)とヒェロニム・ドゥドヴァウ中尉(第113飛行隊)は、ともにHe111を撃墜し、やがて1939年の悲運の戦いを通じてのトップ・スコアラーとなってゆく。同じ戦闘でウォクチェフスキ少尉も不確実ながら協同戦果をあげ、終戦までにさらに8機のスコアを加えることになる。

　世界大戦にまでなるとは誰も予想しなかった戦いの初日、さらに4人のエースが撃墜歴の幕を開けた。第121飛行隊のヤン・クレムスキ伍長は二度の出撃で1機のHe111を撃墜し、さらに1機のヘンシェルHs126を協同撃墜した。午後にはマリヤン・ピサレック中尉が第141飛行隊の同僚ミェルチンニスキ伍長と協同で、Hs126を撃墜した。このドイツ軍偵察機は野原に不時着したが、あとを追ってスタニスワフ・スカルスキ少尉(第142飛行隊)のP.11がすぐそばに着陸した。敵の乗員が処分する前にドイツ軍用地図や書類を分捕るためだった。午後のワルシャワ空襲では第113飛行隊のラドムスキ少尉がBf109 1機の撃墜を公認された。同じ戦闘でガブシェヴィッチュ中尉は撃墜され、未来のポーランド空軍エースのなかでの落下傘降下第一号となった。第113飛行隊のツフィナル伍長もワルシャワ空襲で、型式不明の敵1機撃墜を認められた。

　続く5日間の激しい戦闘の間に、12人ものポーランド人エースが撃墜歴の幕を開けた。フェリッチ少尉とカルービン上級伍長(第111飛行隊)、ワプコフスキ中尉(112)、アダメック上等兵(113)、ノヴァック少尉とクルール少尉(と

第3航空連隊の操縦士たちが、模型を使って戦闘シミュレーションを行い、空戦技術を磨いている。
(Kopański)

もに121)、ヴワスノヴォルスキ少尉(122)、プニャック少尉(142)、ベウツ伍長(152)、コッツ少尉(161)、グウフチンニスキ少尉(162)、それにシュチェンスニ大尉である。この最後のパイロットは飛行教司で、開戦とともにウウェンッジュ高等飛行学校の教官を集めて結成された特別防空飛行隊に加わったものだった。驚くべきことにこの部隊はP.11よりもっと旧式なP.7aを使って、9月2日には2機を不確実に撃墜、もしくは撃破した。第142飛行隊のスカルスキ少尉のスコアは9月4日には4機プラス協同撃墜1機に達し、第二次大戦での連合国軍最初のエースとなった。

　開戦後、最初の一週間が過ぎると、出動可能なポーランド機は減る一方となり、またドイツ地上軍の進撃でポーランド飛行隊が東方に後退したため、激しい戦闘は少なくなった。それでも9月8日から13日のあいだに、Ⅲ/2大隊長ミュムレル少佐は2機を単独で、2機を協同で撃墜している。「ヘショ」・シュチ

1931年8月31日、Ⅲ/6大隊の飛行士たちが気軽な身なりで命令を受領する。ポーランド空軍の他のほとんどの実戦部隊と同様、彼らは翌朝に起こることになるドイツ空軍の攻撃に備えて、平時の基地を空っぽにし、迷彩を施した前線飛行場への移動を済ませていた。背景でP.11戦闘機の手前に駐機しているのは、まだ民間登録記号のままのRWD-8練習機で、開戦直前に飛行クラブから徴発されたもの。これらの機体は1939年10月にポーランド戦が終わるまで、ほとんど全期間にわたって連絡用に広く使われた。
(Główczyński)

III/3大隊指揮官、ミエチスワフ・ミュムレル少佐と部下の操縦士。ミュムレルは1939年の戦いでのトップ・スコアラーのひとりで、ドイツ機撃墜2、協同撃墜2を公認されていた。彼はフランスでも1940年6月、撃墜1、協同撃墜1をあげ、続いて英本土航空戦でも、もう1機を撃墜することになる。(Kopański)

ェンスニはPZL飛行機工場から疎開したP.11g試作戦闘機を「入手」し、9月14日と15日、ウウェンッジュ教官部隊で唯一の公認撃墜を記録した。この飛行機はP.11を若干改良したもので、シュチェンスニはHe111を2機撃墜することで、その性能を立証して見せたのだった。

■ スターリンの登場
Enter Stalin

9月半ばには、ポーランド戦闘機隊の主力は隣国ルーマニアとの国境に近い南東部に集結していた。西側が供給を約束した兵器(ハリケーンとMS.406を含む)は、バルト海の港湾がドイツに占領されたため、黒海にあるルーマニアの港に、今にも着くかと期待されていた。

ポーランド陸軍は東に後退したので、状況は守備側にとって前ほど悪くはないように見えた。ポーランド東部は森林と沼沢地に覆われていて、敵の機甲部隊がほとんど用をなさないように思われたのだ。この地域は歩兵と騎兵向きのはずで、それはポーランド軍の主力兵種だった。のちにソ連・フィンランド戦争で証明されたように、このような地域での防御はきわめて効果的になしえたはずなのだが……。

しかし9月17日、ソ連赤軍はポーランドに侵入し、そのような防御が不可能だったことを実証した。二正面での戦いは10月まで続くのだが、ポーランドが真に敗れたのはこの日だった。戦線がふたつになったため、主要な部隊は侵

PZL P.7aはP.11cよりさらに旧式な戦闘機で、馬力も火力も弱かったが、1939年にまだこの機で装備していたいくつかの飛行隊の操縦士たちに使われて、ある程度の勝利を収めた。写真の機体はウウェンッジュの高等飛行学校で使われていたもので、原写真では主翼下面のポーランド空軍マークの右に「U」の文字が記入されているのが見える。(Wandzilak)

1939年9月半ば、ムウィーヌッフ飛行場に偽装されて置かれたP.11戦闘機と操縦士たち。地上での飛行機をより目立たなくするため、このころにはすべての部隊マークと識別文字が大急ぎで塗り消されていた。右から3人目はミハウ・ツフィナル伍長、右端はミエチスワフ・アダメック上等兵。両人とも1939年、第113飛行隊で初めてスコアをあげ、のちに英空軍でエースとなる。(Cwynar)

　攻してくるソ連軍に包囲されないよう用心しなくてはならなかった。敵軍の位置を知るために、空中偵察が以前にも増して必要となったが、ドイツ空軍が効果的に制空権を確保していたので、この任務は生き残れるチャンスのもっとも大きいP.11がおもに請け負った。9月17日、こうした出撃によって、多数のソ連機が撃墜、あるいは撃破された。第161飛行隊のタデウッシュ・コッツはこの日、ポリカルポフR-5偵察機1機を撃墜し、未来のポーランド人エース中ただひとり、共産軍機撃墜を公認されることとなった。翌日にはPAFの使用している各飛行場がソ連軍に奪取されるのも時間の問題となり、各部隊は国境を越えてルーマニアに飛ぶよう命じられた。

　小規模の対地協力部隊は東部ポーランドで休戦の日まで戦い続けた。興味深いことに、これらの部隊はポーランド人ばかりで構成されていたわけではなく、チェコスロバキアがドイツに分割されたのち、飛び続けたくてポーランドに逃亡した一群のチェコ人飛行士も加わっていた。彼らはポーランド当局から、いくぶん疑惑の目で見られていたのだが（後年、ポーランド人たちが西側で受けた待遇と同じである）、結局はソ連軍の侵入が最高司令部の見方を変えさせることになった。

　チェコ人たちがついに正規飛行部隊に編成されたあと、最初の任務はスターリンの侵略に対する防衛戦に加わることだった。彼らは奮戦し、赤軍に損害を与えて、9月末にはルーマニアに脱出した。チェコ亡命政権はソ連との友好関係を用心深く維持しようとしていたので、西側での彼らは当初、独立したチェコ人飛行隊をつくらず、PAF部隊に身を置いた。英国でチェコ人飛行隊が創設されたあとでもなお、ポーランド人たちのもとに留まることを選んだうちのひとりがヨセフ・フランティシェクで、彼はのちにハリケーンでエースとなった（詳細は「Osprey Aircraft of the Aces 18──Hurricane Aces 1939-40」を参照）。

chapter 2
シコルスキ将軍の旅行者たち
sikorski's tourists

　圧倒的な戦力差の前に、ポーランドの抵抗が崩れ去ったあと、生き延びたPAF戦闘機操縦士の大多数は中立国のルーマニアかハンガリーに入国できた。初め彼らは抑留されたが、賄賂や説得のおかげでまもなく「学生」「芸術家」または「旅行者」に変身し、旅を続けることができた。新たなポーランド軍総司令官シコルスキ大将の命令で、彼らはフランスに向かった。大部分はルーマニア、ユーゴ、もしくはギリシャの港からシリア、レバノン、マルタなどを経由する海路を、一部はイタリアを通る陸路をとった。

　ポーランド飛行士で、ドイツ軍に捕まったものはほとんどいなかった。ナチス占領下に留まった人々の大多数が、単なる「民間人」に戻ることができたためである。その後、多くはタトラ山脈を越えてスロバキアに不法出国し、ついでハンガリーかルーマニアに出、さきに述べた道順をたどった。その他の人々はポーランドに留まり、地下組織「国内軍」に加わった。

　ソ連占領地域で降伏した人々のうち、少数は戦いを続けるためにバルト諸国やスカンジナビア諸国を通って脱出することができたが、それほど幸運でなかった人々は、やがてソ連の強制収容所に入れられ、そこで何百、何千もの同胞とともに命を落とした。将校のほとんど(PAF人員を含む)は、集団処刑によって悲惨な最期を遂げた。

フランスのポーランド人部隊
Battle for France

　1939年末から40年初めにかけて、フランスに到着する脱走者は増え、4月までには8500人もの飛行士が西側にたどり着いていた。そこで彼らが見たも

フランスで機種転換訓練を受けるあいだ、ポーランド人操縦士たちはさまざまな飛行機で飛んだ。これはそのひとつ、ノースアメリカンNAA.57Et2で、T-6テキサン／ハーヴァード練習機の前身にあたる。(Wandzilak)

モラヌ＝ソルニエMS.406C1は、フランスの戦いでももっとも多く使われた連合軍戦闘機だった。この機体はフランスでのポーランド空軍の主要な基地だったリヨン＝ブロン飛行場で撮影されたもの。背景では、ポーランドのマークをつけたコードロン・ゴエラン双発輸送機が離陸してゆく。(Wandzilak)

のは、「まやかしの戦争」(Phoney War)という呪文に憑りつかれた国家だった。彼らが遭遇した大勢の平和好きなフランス人たちは、戦争が始まったのはポーランド人のせいだと思ってさえいた。［1939年9月1日、ドイツがポーランドに侵攻すると、イギリスとフランスはドイツに宣戦布告した。しかし、両国はドイツの動きを静観するだけで、ポーランドが敗れたのちも実質的な戦闘行動をとらない時期が翌年の4月まで続いた。世界各国の報道機関はこの状況を「まやかしの戦争」「いんちき戦争」などと呼んだ］

同盟国から温かいとはいえない迎えられかたをしたあと、ポーランド飛行士たちはリヨンの訓練センターに集まった。これは第一次大戦で戦闘機操縦士として殊勲を飾り、フランスでよく知られていたステファン・パヴリコフスキ大佐が設立したものだった。パヴリコフスキは前大戦で戦ったフランス人操縦士たちからの支援を得ることに影響力を発揮し、彼らはポーランド人訓練センターの設立に力を貸してくれた。そして数カ月後には、大陸脱出のパニックの際にも。ポーランド飛行士の多くはフランス語に磨きをかけ始めたが（すでに流暢に話せる者も多かった）、一部は単発爆撃機の訓練を受けることを志願して英国に渡った。フランスに居ては実戦に加われる見込みがないと考えた一部の戦闘機パイロットも、同じく英国に向かった。だが大部分はフランスに残り、1940年早々には最初のグループがモラヌ＝ソルニエMS.406戦闘機への転換を開始した。1月7日、20人のパイロットがモンペリエの戦闘飛行訓練センターへ転換教育に送られた。

2月17日、「在仏ポーランド空軍設立に関する技術協定」(Accord Technique Relatif a la Constitution des Forces Aeriennes Polonaises en France)が調印され、フランスの技術援助のもと、将来PAFを再建することが可能となった。リヨンの寒い冬を暖房もない兵舎で過ごしてきた空軍将兵たちに希望が戻った。このときには最初のグループの操縦士たちも訓練を終え、教官として戻って来ていた。リヨン＝ブロン飛行場ではケムピンニスキ少佐とパムラ少佐をそれぞれ長として、さらにふたつのグループが設立された。1940年中には全部で70人以上の操縦士がMS.406で訓練されるはずだった。ポーランド操縦士たちの訓練を任されたピエール・ルージュヴァン＝バヴィユ大尉（現・大将）は、のちに回想している。

「空中で彼らをテストしてみてすぐ、彼らには空戦について教えることなど何も

ないとわかった。何人かはポーランドですでに勝利を収めていたのだ。彼らに必要なのはMS.406に慣れることと、我々の編隊形や信号法、その他の規則を知ることだけだった」

モンペリエのグループは3月末に訓練を終え、27日には彼らをフランス軍部隊に配属する式典のため、ポーランドとフランスの高官たちがリヨン=ブロンを訪れた。「モンペリエ大隊」は小隊に分割され、フランスの戦闘機大隊（GC）Ⅲ/1、Ⅰ/2、Ⅲ/2、Ⅱ/6、Ⅲ/6そしてⅡ/7にそれぞれ配属された。各小隊にはポーランド人地上勤務員チームがつき、ポーランドの標識を機胴に描いた新品のMS.406を3機ずつ装備していた。

GCⅢ/1「ル・ルナール・クリニョタン」（ウィンクする狐）に配属されたカジーミエッシュ・ブツルシュティン中尉の小隊には、グニッシ少尉がいた。少尉はやがてドイツ軍が低地三国［ベルギー・ルクセンブルグ・オランダの総称］に攻撃をかけてきた際、1940年5月12日、ベルギー上空で1機のHe111を協同で撃墜、4日後にはDo17 2機を協同撃墜して、フランスの戦いを通じて最初のポーランド人エースとなった。

グニッシの勝利はあったものの、「フランスの戦い」で結局、もっとも成功を収めた「パトルイユ・ポロネーズ」となったのは、GCⅡ/7に分遣された小隊だった。その操縦士はウワディスワフ・ゲーテル中尉（大隊長）、クルール少尉、ノヴァキエヴィッチュ伍長らで、整備兵3名、武器係1名、電気係1名、補助技術者3名、それに兵3名が彼らを支えていた。

この「パトルイユ・ポロネーズ」は5月2日、初めて敵機に遭遇し、ゲーテルとノヴァキエヴィッチュが1機のHe111を撃ち落とした。この戦闘のしばらくのち、ブロンの訓練センターから最後の生徒たちを前線のフランス戦闘機隊に送り出したあとのミュムレル中佐が、センターから直接やって来てGCⅡ/7に加わった。

GCⅡ/7のポーランド人小隊の戦いについては、記録によって記述にかなりの幅があるが、目立った戦闘がふたつある。6月1日の午後遅く、ミュムレル中佐はスイスとの国境近くで、スイス戦闘機が注意深く見守るなか、1機の

「モンペリエ大隊」は基本的にポーランド軍戦闘飛行隊で、それが複数の分隊に分割されてフランス軍諸部隊に配属されていた。これらのフランス軍飛行隊は1940年3月27日、それぞれ飛行機3機からなる分隊をリヨンに送り、新しく訓練されたポーランド操縦士をフランス空軍に迎える歓迎式典に参加させた。写真手前3機のMS.406は第1戦闘機大隊第Ⅲ飛行隊に配属されたもので、No.1031（いちばん手前）はブツルシティン中尉、そのむこう（No.936）はグニッシ少尉機である。グニッシはのちにフランスの戦いでのポーランド最初のエースとなった。
(SHAA via Zaleski)

He111を撃墜した。同じ任務飛行で、中佐はもう1機のHe111をGCⅡ/7のフランス人たちと協同で撃墜したのだが、こちらは公認されなかった。

このポーランド小隊の最後の戦闘（6月15日）について、ミュムレルは述べている。

「私はノヴァキエヴィッチュ伍長とともに、ヴァランタン少尉の率いる小隊にいた。味方地域をしばらく飛んだあと、我々は一群のDo17に出くわし、ただちに編隊を解き、私は1機に狙いをつけた。最初の攻撃は成功し、乗員ふたりが機から脱出してパラシュートを開くのが見えた。私が彼らとすれすれに飛んだので、彼らは恐怖の表情を浮かべていた。パラシュートに気を配りつつも、私はドルニエが大地に激突するまで見届けた。また私は低空で別のドルニエをドヴォアチヌD.520戦闘機が攻撃しているのに気づいた。ノヴァキエヴィッチュ機だった。我々はこのドイツ爆撃機に2回攻撃を加えたが、敵は地面すれすれに飛び、また敵の後部射手が頑強に反撃してきたため、狙いをつけるのが難しかった。ノヴァキエヴィッチュはあきらめて引き返したが、私はどうしてもこれは落としてやろうと思った。

戦いの合間に、ポーランド人地上勤務員たちとくつろぐ第1戦闘機大隊第Ⅲ飛行隊所属のカジーミェッシュ・ブッルシュティン中尉（右）。彼のMS.406「白の1」は第1031号機だった。（Koniarek）

「もう1回の攻撃のあと、仕留めたことを確信した。そのとき、私の機に弾丸が当たったのを感じたが、後部射手の弾丸か、それとも地上から撃たれたのかはわからなかった。ドヴォアチヌは完全に操縦できたが、冷却液が風防に飛び散り始めた。冗談でなく、エンジンはいつ止まっても不思議でない。私は南に向かった。ラングルの町に近づいたとき、滑油の温度が上がり、エンジンが振動し始めた。高度は1000ｍで、私は着陸場所を捜した。下の道路に動きがないのは奇妙に思えた。グレーの町の上には煙が立ちこめ、そう遠くない以前に爆撃されたらしかった。エンジンはまったくいうことを聞かなくなった。飛行場からは12kmほど隔たっている。私は森を越え、川を越えて着地しなくてはならなかった。飛行機は高度と速度を失いつつあった。川が見えた。どちらの土手に降りてもよかったが、東岸に降りたほうが合理的と考えた。やや上り坂の場所があったので、私は主脚とフラップを降ろし、点火スイッチを切って着陸した。停止したのは森のすぐ手前だった。エンジンは湯沸かしのように蒸気を噴いている。操縦室から飛び出そうとしたとき、すぐ近くで迫撃砲の音がした。パラシュートを外すまもなく、私は森に走り込んだ。そこでひとりのフランス兵に出会い、ドイツ軍がすぐ向こう岸にいることを知った」

フランスが降伏した時点で、GCⅡ/7のポーランド人操縦士のスコアは次の通りだった――ノヴァキエヴィッチュ伍長（「フランスの戦い」での最多撃墜者）、撃墜3プラス協同撃墜2；クルール少尉、撃墜2プラス不確実撃墜1；ミュムレル中佐、撃墜1プラス協同撃墜1プラス協同撃破1；ゲーテル中尉、撃墜1（ポーランド当局からは非公認）。

GCⅠ/2「シゴーニュ」（コウノトリ）に配属されたユゼフ・ブジェジンニスキ中尉の小隊も、フランスのための戦いで勇名を馳せた。なかでもっとも武勲をあげ

たのはハウーパ少尉だった。戦いが始まって最初の数週間に、ザフヴィリエとオシーにあったGCⅡ/1の飛行場は二度ドイツ軍の爆撃を受け、5月27日の爆撃では部隊のMS.406のほとんどを失った。その前の5月11日、ハウーパはアントニ・ベダ上級伍長とともに1機のJu88を攻撃したが、敵は黒煙を引きながら逃げ去った。6日後、ハウーパはエンジンから出火して不時着し、病院に運ばれたものの、21日には部隊に戻っていた。

6月5日、GCI/2の「パトルイユ・ポロネーズ」(5月27日の損失はGCⅡ/7からMS.406を貰って埋め合わせていた)は、クレルヴォーの北西で単機のJu88を迎撃し、ハウーパ少尉とベダ上級伍長、それにひとりのフランス人操縦士は侵入者をすみやかに撃墜した。GCI/2の「パトルイユ・ポロネーズ」にとって初めての公認撃墜だった。3日後、この部隊はBf109に護衛された双発爆撃機の大編隊と会敵した。続いて起こった戦いで、敵機9機の撃墜が報告され、ハウーパ少尉の獲物はBf109が1機だった。同じ日の午後おそく、ハウーパはボーヴェイとスワッソンの上空で2機のJu87急降下爆撃機を迎え撃ち、1機を撃墜、もう1機は2人のフランス人同僚と協同で撃墜した。

ウワディスワフ・グニッシ少尉はフランス空軍に加わる前、1939年9月1日の朝、最初のドイツ機を撃墜したポーランド軍(そして連合軍)操縦士だった。また1940年5月16日にはベルギー上空で1機のDo17を協同で撃墜、ポーランド人としてふたり目のエースとなった。(SHAA via Zaleski)

■ フィンランド飛行隊
Finland's squadron

1939年11月末、ソ連がフィンランドに侵入した[本シリーズ第4巻「第二次大戦のフィンランド空軍エース」を参照]。フランスと英国は遠征軍の編成を開始し、亡命ポーランド政府もソ連相手の戦いに加わるよう要請された。いうまでもなく、ソ連は9月17日以来ポーランドと戦争状態にあったからである。フィンランド前線での戦いの準備は速やかに進み、リヨン=ブロンではユゼフ・ケムピンニスキ少佐を指揮官とするMS.406装備のポーランド飛行隊の編成が進められた。この部隊は西欧から送られる多国籍軍の一部となるはずだった。ポーランド部隊にはMS.406に加えてコードロン・ルノーCR.714「シクローン」戦闘機も支給された。どちらの機種も以前、フィンランドに輸出されていたためだった。

だが、ポーランド部隊の編成がまだ完了しない1940年3月12日、フィンランドは思いがけず、ソ連との休戦協定に署名した。結局、「フィンランド飛行隊」は4月6日、GCI/145「ワルシャワのポーランド人」となった。ドイツ軍侵入の2日後、GCI/145は部隊をあげて、CR.714に機種改変するよう命じられた。5月18日、操縦士たちは新機受領のためヴィラクーブレに赴いたが、失望した。1930年代のドーチュ杯競速機から発達したコードロンは、よく飛ぶ「おもちゃ」ではあっても、戦いの役には立たないことが判明したのだ。フランス空軍はすでにこの飛行機を戦闘任務には不適と言明していた。

■ 「シクローン」での戦果
CR.714 "Cyclone"

当時「シクローン」は生産型でもまだトラブルに苦しんでいて、この飛行機のおよそ信頼性に欠けた油圧システムやプロペラ・ピッチ機構を改良すべく、製造工場から技術者の一団がポーランド人部隊に送られてきた。彼らの必死の努力にもかかわらず、不具合で飛べないCR.714はあまりに多く、フランス当局はこの飛行機での以後の訓練を禁止した。しかし、「フランスの戦い」がいまやたけなわな状況で、ケムピンニスキ少佐は代替機として約束されたブロック

MB.152戦闘機の到着まで待つつもりはなく、彼はコードロンへの転換をし遂げるよう命令した。5月27日にはGCⅠ/145はCR.714戦闘機2個小隊をもって作戦準備を完了した。

6月2日、部隊はドルーへ移動、6日後にはBf110の編隊に遭遇して5機を撃墜した。うち2機は部隊でもっとも戦果の多い操縦士のひとり、チェルヴィンニスキ中尉によるものだった。翌9日朝、グウフチンニスキ中尉はBf109を確実に1機、不確実に2機撃墜し、ヒーローとなった。この出撃の前、グウフチンニスキの僚機イェージー・チェルニャック少尉はリーダーの後方を護る約束をしていた。のちに彼はこの戦闘を物語っている。

「我々は太陽をいくぶん背に受け、『チェシェック』(グウフチンニスキ)が攻撃し、私は彼に続いた。メッサーシュミットどもがどう出るかわからないので、私は念のため機銃の発射準備をした。これが役立った。というのは、我々が連中のなかに飛び込み、『チェシェック』が無造作に1機のうしろに食いついたとき、ほかの敵機は彼のあとを追いかけて、私に注意を払わなかったのだ。私は戦闘の展開を待った。『チェシェック』は獲物を撃ちつづけ、相手は何とかして逃げようとしたが無駄だった。私はずっと『チェシェック』に従って、戦友の命を取ろうと決めている1機のメッサーにとりわけ注意していた。彼の無礼が危険の域に達したとき、私はこのショーに幕を引こうと決めた。メッサーは『チェシェック』のうしろにつき、一連射まで加えたが、そのとき私が飛びかかり、コクピットに向けて射弾を叩き込んだ。狙いは正確だったらしく、敵はただちに背面姿勢に入った。私はもう一度撃ち、メッサーは離脱しようとしたが、遅すぎた。私は彼を放免してやらず、敵はフランスの農家の裏庭に墜落した。戦闘終了後、『チェシェック』に会ったが、彼もまた狙ったメッサーを片づけていた」

Bf109はどちらもアンドリの南に墜落した。グウフチンニスキはすでに1939年に3機、協同で1機を撃墜していたから、これは彼の5機目の戦果となった。

6月9、10両日で、計4機のBf109と3機のDo17の撃墜が確認され、損失は3人の操縦士と7機のCR.714だった。10日、部隊はセルメーズに移動、さらに3日後にはシャトールー=ラ・マルチネリに移り、そこで3機のMB.152を受領した。操縦士16人がロシュフォールのGCⅠ/1とⅠ/8に配属され、GCⅠ/145も6月17日にそこに移った。あくる日、ヴチェリック大尉とマルキエヴィッチュ上級伍長は1機のHe111を海上に撃墜し、これが結局、「フランスの戦い」での連合国軍の最後の勝利となった。その夕方、部隊は残ったコードロンと2機のMB.152をロシュフォールに置き捨て、6月19日、飛行士たちはラ・ロシェルで乗船して、英国へ向かった。

ドゥッドヴァウ中尉は1939年、ポーランドからフランスへ逃れる前、4機の撃墜を公認されていた。MS.406に機種転換後、ドゥッドヴァウは第10戦闘機大隊第Ⅱ飛行隊のポーランド分隊に配属されたが、1940年6月7日、同部隊の初めての実戦で戦死した。この戦闘では多数のBf109も撃墜されたが、実際のフランス軍の戦果報告は、のちにドイツ空軍が認めた損失よりも少ないものだった。すなわち、ドゥッドヴァウはその死の直前にエースとなっていた可能性もある。(Pawlak)

"観光旅行"の終わり
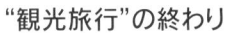
The 'Tourism' Ended

慢性的な飛行機不足(得られる限りの戦闘機はみな前線部隊に送られていた)のせいで、3番目と4番目のポーランド飛行隊の操縦士たちは、モンペリエ飛行隊やGCⅠ/145のように独立部隊として戦うのでなく、9つの小隊となることを余儀なくされ、5月の半ばにフランス軍戦闘機隊に割り

コードロン・ルノーCR.714「シクローン」は飛ぶには楽しい飛行機だったが、戦闘機としてはほとんど役に立たなかった。それでもポーランド人からなる第145戦闘機大隊第Ⅰ飛行隊は1940年6月初めにこの機で戦い(実戦にこの機を使用したのは同部隊だけ)、何機もの戦果をあげた。

エキゾチックな外国製機は練習用機ばかりでなかった。写真のオランダ製コールホーフェンFK.58C1のような戦闘機も、コニャックでポーランド人小隊を率いていた未来のエース、ヤン・ファルコフスキを含む数人のポーランド人操縦士に使われたが、好まれなかった。(Wandzilak)

振られた。その他のブロンの卒業生たちはELD（Escadrille Legere de Defence＝軽防衛小隊）またはECD（Escadrille de Chasse et de Defence＝戦闘防衛小隊）と呼ばれる小部隊に分かれて、計11カ所の主要基地や工場、産業拠点を守ることになり、「煙突小隊」とあだ名された。

　これらのうち、もっとも忙しかったのはロモランタンにいた小隊で、指揮官のタデウッシュ・オプールスキ大尉は、多くの部下たち（ワプコフスキ中尉とウォクチェフスキ少尉を含む）と同様、1939年の戦闘で公認戦果をあげていた。モラヌ＝ソルニエの組み立てラインと、コールホーフェンFK.58およびMS.406の修理場を防衛中、彼らは合計6機の撃墜と2機の不確実撃墜をスコアに加えた。好成績を収めたもうひとつの「煙突小隊」は、ブールジュでカーチス・ホーク75の組み立てラインを守っていた部隊で、指揮官コシンニスキ大尉のもと、ヴェソウォフスキ中尉、ピエトラシャック上級伍長、クレムスキ伍長らはHe111を4機撃墜、さらに4機に損害を与えた。

　フランスはまさに崩壊寸前で、「煙突小隊」のポーランド人操縦士たちが乗った飛行機は種々雑多だった。エタンプを守っていたクラスノデンプスキ少佐のECDⅠ/55はFK.58、MS.406、そしてMB.152といった具合である。ズムバッホ少尉はのちにこう書いている。

　「6月10日、私はズチスワフ（クラスノデンプスキ）と一緒に新しい飛行場、パリ近郊のヴィラクーブレに赴いた。道路が混雑していて、50kmの道に7時間ほどかかった。11日からパリ防衛に飛び始めたが、もう通信が妨害されていて、敵機の爆音を聞いてから飛び立つのがいつものことだった。そこで我々は新しい飛行機を受領した。アルスナルVGで、見た目も性能も素晴らしかった。2日間、空中追跡はしたが成果がなかったところへ、ドイツ野郎どもがほんの数km先まで来ているというので大騒ぎになった。6月13日のことだ。その晩、すごい雷雨のなかを我々はエタンプへ脱出した。私はカーチスとアルスナルを、ズチスワフはモラヌ410を持って行った。翌日、我々はエタンプから飛び立ち、パリ＝オルレアン街道をパトロールした。ときどきドイツ機が現れ、道路を機銃掃射したり爆弾を落として、パニックを起こさせていたからだ」

　「フランスの戦い」を通じて、130人以上のポーランド人戦闘機操縦士が実戦に出動した。彼らは60機を撃墜し、空中戦やドイツ軍による爆撃、掃射などで13人を失った。

　6月18日、フランスの降伏のあと、シコルスキ大将はすべてのポーランド軍人に英国へ脱出するよう命令した。だが、これは前線の仏軍部隊に配属され

た戦闘機操縦士や、訓練センターにいた飛行練習生たちの大集団にとっては容易なことでなかった。大多数は部隊とともに南に移動し、解隊のあと、船に乗るためポール・ヴァンドル、マルセイユ、またはビアリッツへと向かった。また大勢がアフリカに飛び、そこから最後に残ったガソリンで、カーチスやMB.152、MS.406、D.520、小型輸送機、また徴発した個人所有機に乗ってオランとチュニスに着いた。そこから海路、ジブラルタルを通って英国に行くことになる。

唯一、使用機ともども英国に着いたポーランド人部隊は、シャトールーにいたヘンネベルッグ中尉の「煙突小隊」だった。ヘンネベルッグはのちに報告している。

「ドイツ軍がブールジュ（シャトールーから60km）近くまで来ているという情報を得て、私は全隊員とともにボルドーに移ることに決めた。19時、ブロック152が1機、ブロック151が2機、それにコードロン・シムーン1機からなる全小隊が離陸した。シムーンにはヴィエルグッス少尉とポクシフカ准尉、ブロック151にはヴィトルッド・レティンゲル少尉とブルーノ・クドレヴィッチュ少尉が、それぞれ搭乗した。ボルドーに着いてみたら、ポーランド人飛行士の最初の一団が、すでに港に行って脱出を待っていると聞かされ、私は英国へ飛ぼうと決意した。6月18日8時30分、全小隊はボルドーを飛び立ち、10時ごろ、ナントに着陸した。ナントで私はひとりの未知の英空軍中佐に会い、我々が英国へ飛んで行ってもよいかどうか尋ねた。答えはイエスで、タングミア飛行場へ向かうよう指示され、基地司令部への紹介状をくれた。燃料を補給し、我々は14時にナントを出発した。16時30分、タングミアに到着、そして3時間後にはアンドーヴァーに移動した。翌朝、私は小隊を率いてニーザーエイヴォンに飛ぶよう命じられ、そこでフランスの飛行機に別れを告げた」

大部分のポーランド人操縦士にとって、フランスでの物語は、始まりのときと同じかたち──船の上──で終わった。今度の彼らの旅の目的地は「最後の希望の島」。だが「観光旅行」は終わろうとしていた。他に行けるところは、もはや残っていなかった。

chapter 3
英国のための戦い
battle for britain

前章で短く述べたように、多数のポーランド人操縦士が、フランスでは実戦に参加できそうもないと考えて、西ヨーロッパに到着してすぐ、英国での飛行訓練に志願していた。彼らの第一陣は1940年1月に英空軍に編入された。英軍ははじめ、ポーランド人飛行士たちを新設の爆撃機部隊専属とする計画だったが、何が何でも再び飛んで戦いたいと願うあまり、爆撃機への転換を承

右頁上●1940年半ば、ブラックプールのPAF兵站部で英空軍部隊への配属を待つウルバノヴィッチュ、ヴィトージェンニッチ、オストヤ＝オスタシェフスキの各少尉。やがて英本土航空戦で、彼らは合計20機を超える公認撃墜戦果をあげる。初夏のころで、みな通常の英空軍制服を着用しているが、肩に「POLAND」の文字布が付き、左胸のポケットにはPAFの徽章があることに注意。のちには英空軍の翼章はポーランド軍の「ガパ」（同じく翼章）に変わり、鷲の徽章もポーランド時代と同様、軍帽に付くことになる。

右頁中●1940年、英国人部隊にいたポーランド人操縦士でたぶんもっとも有名だったのが第501飛行隊のアントニ・グウォヴァツキ軍曹で、8月28日、5機撃墜を認められ、一日のうちにエースとなった。写真は着陸直後、乗機ハリケーンV7234のかたわらで情報係士官に口頭で報告する同軍曹。

右頁下●1939年9月にポーランドで実戦を経験している「英本土航空戦」エースのなかでも、タデウッシュ・ノヴィエルスキ中尉は毛色が変わっていた。ポーランド戦で彼が乗っていたのはPZL.23「カラッシ」偵察爆撃機で、初めて戦闘機に乗って実戦に出たのは第609飛行隊に加わってのちのことだったからである。だが経験の乏しさは大して妨げにならなかったらしく、英本土航空戦が終わってみれば、ノヴィエルスキはドイツ機を5機撃墜した一人前のエースとして、DFC（空軍殊勲十字章）を獲得していた。DFCは1941年6月10日、サー・クウィンタン・ブランド少将により授与されたが、そのころノヴィエルスキは第316飛行隊でハリケーンで飛んでいた。

諾したパイロットのなかには、スカルスキやウルバノヴィッチュのようなエースまでが入っていた。

　すべての面で英空軍の手順や規則に従って訓練されることになった元PAF隊員たちは、たがいに言葉が通じないことが彼らの進歩に著しく影響していると気づいた。多少でも英語を話せる人間が、ほとんど居なかったのだ。言葉はフランスでは別に問題にならなかったことで、それはポーランドが長年フランスと特に友好が深く、たいていの操縦士がフランス語を学んでいたためだった。彼らは敵国語であるドイツ語やロシア語も話せた。

　フランスが倒れたあと、ドイツと戦っているのは英国だけとなった。当初の言葉の問題が解決し、英語を話す最初のポーランド人戦闘機操縦士たちが英空軍の諸飛行隊に配属されたのは1940年7月で、彼らはただちに実戦に出撃した。ほかの多くの元PAF操縦士たちも、すみやかに英国式手順を学びとり、前線に出てからは、彼らの経験と戦術は驚くほど優れていることが判明した。

　英空軍のポーランド人操縦士による最初の戦果は、1940年7月19日に得られた。第145飛行隊のオストヴィッチュ中尉が、M・ニューリング少尉と協同で1機のHe111を撃墜したのである。悲しいことに、オストヴィッチュは8月11日に撃墜され、「英本土航空戦」(Battle of Britain)でのポーランド人操縦士戦死第1号ともなった。第145飛行隊でのポーランド人同僚のひとりが、やがて「エースの中のエース」となるヴィトルッド・ウルバノヴィッチュ少尉だった。ウルバノヴィッチュは第601飛行隊で8月8日、第27戦闘航空団第Ⅰ飛行隊(I/JG27)のBf109 1機を撃墜、第145飛行隊でもう1機を落としたあと、ポーランド人からなる第303飛行隊に配属され、やがてこの部隊のトップ・エースとなってゆく。

　英空軍内にポーランド人部隊が創設され、訓練される前にも、100名近いポーランド人操縦士が既存の戦闘飛行隊(ブレニム夜間戦闘機部隊を含む)に、戦力強化のため送られていた。ポーランド人はたびたび部隊から部隊へと移動し、ふたつ以上の飛行隊で戦った者が多かった。「英本土航空戦」中、彼らが戦った部隊は第17、23、32、43、54、56、65、74、85、111、145、151、152、213、229、

234、238、249、253、257、501、601、603、605、607、609、そして第615各飛行隊の多きにわたる。

　第501飛行隊を例にとれば、この部隊は1940年夏、3人のポーランド人エースの在籍を誇りとしていた。ヴィトージェンニッチ少尉(4機プラス協同1機)、スカルスキ少尉(4機)、そしてグウォヴァツキ軍曹である。軍曹は8月24日、ハリケーンⅠ(シリアルV7234)で3回出動し、Bf109を3機、Ju88を2機撃墜して、一日でエースとなった。4日後、彼はもう1機の Bf109をスコアに加え、この月を撃墜8、撃破3で締めくくった。9月18日には撃墜され負傷し、回復後、第611飛行隊に転属した。

　8月の初め、ビッギン・ヒルを基地とする第32飛行隊は3人のポーランド人操縦士——ヤン・プファイフェル、カロル・プニャック、ボレスワフ・ウワスノヴォルスキ——を迎えた。英国人戦友からの呼び名はそれぞれ「ファイフ」「コニャック」そして「ウォトカ」である。プニャックは2週間後、3機を撃墜し、1939年のスコアに加えてエースとなった。しかし、ウワスノヴォルスキ(ポーランドで協同撃墜1機)はエースにはなれまいと思われていた。J・L・「ポリー」フリンダース少尉が注意深く観察しているなか、最初の飛行で基地のすぐ外の庭園に降りてしまったのだ！　8月14日の最初の実戦出撃でも、乗機のハリケーン(V7223)を、今度はドーヴァー付近に不時着させた。しかし翌日、彼は英国へ来て初めての「フン」[ドイツ兵の蔑称]撃墜を記録した。

　「赤分隊の3番機で飛行中、9機のMe109が上空をV型編隊で飛んでいるのを発見した。私は上昇し、1機のMe109に後方から攻撃をかけた。我々は旋回を始め、さきのMe109が急降下したとき、私は射弾を浴びせた。Me109は燃えはじめ、海に向かって落ちていった。私はほかのMe109にかかったが、どれにも追いつけなかった。冷却液の温度が上がり過ぎたので、私はエセックスの野原に降りた。地面が軟弱で着陸装置がもぎ取られ、飛行機は目下、使用不能」

　8月18日、ウワスノヴォルスキはドルニエ1機を撃墜、同日午後にはカンタベリー上空で、ピーター・マラン・ブラザース大尉と協同して、7./JG26のミュラー=ドゥーエ中尉のBf109E-1を撃墜した。ウワスノヴォルスキは敵機を落とすのに短い4連射、600発の弾丸しか使わなかった。

　9月13日、彼はタングミアの第607飛

1941年、スコットランド・モントローズの第8戦闘機訓練学校で教官を務める「英本土航空戦」のエース、ユゼフ・イェカ(前列中央)が、カメラに向かってポーズをとる。後列中央の飛行学生、ウワディスワフ・ポトツキも終戦時にはエースとなっていた。ポトツキは終戦後テストパイロットとなり、マッハ2で飛んだ最初のポーランド人となる。イェカもまた戦後は数奇な人生を送り、アメリカ人たちとの秘密任務に関わって、ロッキードU-2型機で墜死したといわれる。
(Tilston via Drecki)

1941年、乗機ハリケーンⅡ(Z2773/WX-T)のかたわらに立つチェルヴィンニスキ大尉は、フランスの戦いでもっとも武勲をあげたポーランド人操縦士のひとりだった。1940年9月にはハリケーンⅠ V6571/WX-Qでドイツ爆撃機1機をスコアに加え、1941年にはさらに勝利を収めた。数え切れぬほどの空戦に参加したあと、第306飛行隊長をしていた1942年、チェルヴィンニスキは戦死した。

行隊に転属、2日後には1機のDo17Zを海上に撃墜した。9月17日には同じくタングミアを基地とする第213飛行隊に移り、そこで10月15日にあげた勝利が、彼の最後のものとなった。11月1日──ポーランド人戦闘機隊への配属命令を受けた日──基地への低空奇襲攻撃に応戦するため、ハリケーンI（N2608/AK-V）で飛び立ってまもなく、ヴワスノヴォルスキは撃墜され、戦死した。

　こうした成功例はあったものの、言葉の問題は1940年を通じて起こり続けた。とりわけ第238飛行隊のような「混成」の部隊ではそうで、同部隊の作戦記録（書式541号）には、「黄分隊2番機がポーランド人であるため、空中での意思疎通に若干の困難あり」と書かれている。この問題のおかげで、ときには空戦中、混乱した、あるいは危険な状況が生ずることもあったが、それでもこの部隊のイェカ軍曹が4機を撃墜、1機を協同撃墜、さらに2機を撃破することを妨げるまでには至らなかった。

　言葉の問題は英・ポ双方のものだった。ポーランド人の名前はときとして英国人には発音が困難だったため、ニックネームが便利に使われた。たとえば、第74飛行隊で大きな戦果をあげた「ポーランド・ペア」、シュチェンスニとブジェジーナ両少尉は、それぞれ「スニージー」[「くしゃみが出る」の意]と「ブリージー」[「元気がいい」の意]となり、また第609飛行隊のオストヤ＝オスタシェフスキ少尉とノヴィエルスキ中尉は、「オスティ」と「ノヴィ」にされた。第609飛行隊の作戦記録には、8月初めにふたりが部隊に到着したとき、「どちらも英語をろくに話せなかったが、スピットファイアはたちまち乗りこなした」とある。

　この作戦記録には、ドイツ空軍第2戦闘航空団のエース、ヘルムート・ヴィック少佐が撃墜された11月28日の戦闘についての興味深い記述もある。戦史家は、ヴィック少佐は第609飛行隊のジョン・ダンダス大尉に撃墜され、数分後に今度は大尉がヴィックの僚機に撃ち落とされて戦死したとする説をとりがちだが［本シリーズ第7巻「スピットファイアMkI/IIのエース 1939-1941」68頁を参照］、第609飛行隊の作戦記録にはこう書かれている。

　「第152飛行隊も同じ時刻、同じ場所で戦闘に加わっており、同飛行隊の一員であるクライン軍曹（ポーランド人）か、ダンダスのどちらかが、ドイツのエース、ヴィック少佐を撃墜した可能性があると考えられる」

　ジグムント・クライン軍曹は1939年に協同撃墜1機があり、英空軍でこれに公認撃墜2機、不確実1機、撃破1機のスコアを加えていたが、彼もまた11月28日の戦闘から再び戻ることはなかった。

1940年9月、ノーソルト基地の分散駐機場でくつろぐ第303飛行隊員たち。左から、カルービン軍曹（英本土航空戦で公認撃墜6）、ヤヌシェヴィッチュ中尉（まだフランスの軍服を着ている）、フェリッチ少尉（英本土航空戦で撃墜7）、氏名不詳、そしてシャボシュニコフ軍曹（1940年夏、8機撃墜）。

マリヤン・ピサレックは第二次大戦を通じてもっとも武勲をあげたポーランド人操縦士のひとりだった。1939年9月、第141飛行隊長代理時代に最初の戦果（撃墜2、協同撃墜1）をあげ、祖国ポーランドを脱出した。英本土航空戦（写真はその当時）のときは第303飛行隊で撃墜4、撃破1を記録、1941年7月から10月にかけては第308飛行隊で、スピットファイアを駆って撃墜5、協同撃墜1、それに不確実1をスコアに加えた。1942年4月19日にはノーソルト航空団の司令に任ぜられたが、10日後、ドイツ第26戦闘航空団の「エクスペルテ」、ヨアヒム・ミュンヘベルクに撃墜され、戦死した。(Kopański)

1940年、第303飛行隊のハリケーンⅠ P3700/RF-Eは同部隊の4人ものエースの乗機となった。フェリッチ、ズムバッハ、ヘンネベルッグの各中尉、それにヴュンシェ軍曹である。フェリッチはこの機で1940年9月6日、セブンオークス上空でBf109を1機撃墜したが、わずか3日後、このハリケーンはヴュンシェ軍曹が搭乗していてひどく被弾し、やむなく落下傘降下したために失われた。部隊章がコクピットの後方ではなく、風防の下にあることに注意。部隊のマーキングについていえば、第303飛行隊はその使用機にポーランドの四角章を描いたことはなかった。ノーソルトのハリケーンで四角章が付いていたのは、損耗補充のため第302飛行隊から回されてきた機体に限られていた。(Koniarek)

ポーランド飛行隊
Polish Squadrons

　最初に戦闘に加わったポーランド人戦闘機部隊は第302飛行隊で、英国人の中佐を指揮官に、ふたりの英国人を小隊長として、1940年にレコンフィールドで創設された。部隊番号とは別に、この部隊はPAF時代、ポズナンニを基地としていた戦闘飛行隊の伝統を受け継ぐべく、「ポズナンニ市」という隊名も採用した。主力は元GCⅠ/145の操縦士たちで、フランスの戦いでのエース、グウフチンニスキやノヴァキエヴィッチュらの古強者がいた。

　これら優れた操縦士を擁していながら、第302飛行隊は「英本土航空戦」を通じてひとりのエース（ハウーパ少尉）しか生まなかったが、理由はこの部隊が第12集団に所属して、おもに主戦場の北方で行動したためだった。ハウーパは8月24日、1機のJu88を不確実撃墜し、ポーランド人部隊の、ポーランド人操縦士による最初の戦果を記録した。つぎに彼が殊勲を立てたのは、第302

1940年8月の末ごろ、エウゲニウッシュ・シャポシュニコフに幸運をもたらしたハリケーン V7244/RF-Cが整備を受ける。彼は1940年8月31日、初めてのBf109を撃墜した際にはV7242/RF-Bを使ったが、そのあとに続く8機の撃墜はすべてV7244で果たした。英本土航空戦以前には、「シャッポッシュカ」はフランスで第6戦闘大隊第Ⅱ飛行隊のアルセン・ツェブジンニスキ中尉の分隊に所属して、MS.406、MB.152、D.520で飛んだ。初の戦果は1940年6月15日、トロワ付近で1機のHs126を、ツェブジンニスキとブジェゾフスキ伍長（ともにやがて第303飛行隊所属）と協同で撃墜したものだった。英本土航空戦後は第316飛行隊で戦った。彼は戦いを生き抜き、英国に住み着いて、1991年に死去した。

第303飛行隊のハリケーンⅠ P3120/RF-Aは英本土航空戦中、ウルバノヴィッチュ大尉、ヘンネベルッグ中尉を含む数人のエースの搭乗機となった。尾翼直前の胴体にある斜めの帯の目的は不明だが、同部隊には同様の帯を巻いた機体が少なくともう1機存在した。P.11戦闘機に施されていたもの（カラー側面図3を参照）と同じく、階級を示す印だったかも知れない。このハリケーンは第302飛行隊から移籍してきた機体なので、コクピット下には間違いなく、ポーランドの四角章が描かれていたと思われる（カラー側面図11を参照）。

飛行隊の「ビッグ・デイ」となった9月15日で、部隊はこの日の昼ごろ6機のDo17を撃墜、戦闘機1機を含む4機を不確実撃墜した。この戦闘でハウーパは自身にとって5機目の勝利をあげた。午後に部隊はさらに2機をスコアに加え、うち1機は名手「ロッホ」・コヴァルスキ中尉によるものだった。

部隊は1941年も末ごろまで、ハリケーンを使用し、「フランスの戦い」でのヒーローだったミュムレル少佐、チェルヴィンニスキ中尉、クルール少尉、ノヴァキエヴィッチュ軍曹、またスポルニ少尉やヴィトージェンニッチ少佐らは、みなハリケーンで撃墜を記録している。

2番目に創設されたポーランド人戦闘機部隊は第303飛行隊で、隊員の多くがポーランド第111および第112飛行隊出身であったことから、「ワルシャワ市」と命名された。大部分の操縦士がポーランドとフランスで戦ったベテランだった。1940年8月2日から、マスター練習機を使って転換訓練を開始し、数日後にハリケーンを受領した。戦闘に参加したのは2番目だったものの、第303飛行隊はやがて全PAF戦闘機隊中、もっとも有名な部隊となる。

部隊が初めて戦ったのは8月30日。ケレット少佐に率いられて通常の訓練飛行中、ノーソルトの北方で、ドイツ軍爆撃機の一隊を第213飛行隊のハリケーンが攻撃しているのが視認された。パシュキエヴィッチュ少尉は1000フィート[300m]下で戦闘が行われているのを見て、自分も加わることに決め、すぐに1機の「Do17」(たぶんBf110)を撃墜した。

第303飛行隊は10月7日に交代するまで、ノーソルトを基地に忙しい日々を送る。その初期の戦闘のひとつ(8月31日)を、のちにエースとなるヴンシェ軍曹が描写している。

「私は黄分隊2番機として、フェリッチ中尉とともに小隊を後方で援護していた。ドイツ機が赤分隊を攻撃するのを見て、私はカルービン軍曹にかかっている敵1機に接近した。目的はもちろん敵を脅し、もしくは注意をそらすため

だった。ところが敵はただちに反応して運動し、鉄十字のマークを見せたので、私はカッとなった。突然、Me109が1機、私の前下方に飛び出した。考えるまもなく発射ボタンを押すと、煙が噴き出すのが見えた。念のため、もう1連射を加えると、メッサーは燃えながら大地へ向けて突っ込んで行った。私は次の相手を求めて、あたりを二、三度旋回したが無駄だった。みな自分の狙ったドイツ機を片づけるのに夢中だったからだ」

6週間に近い激戦の末、第303飛行隊は「英本土航空戦」に参加した全英空軍戦闘機部隊のなかで、最高の戦果——撃墜126機——を記録した。それも、この戦いに後半だけ加わっての戦果である。ウルバノヴィッチュ、カルービン、ヘンネベルッグ、ズムバッホ、シャポシュニコフ、フェリッチ、パシュキエヴィッチュ、ウォクチエフスキ、それにピサレックがそれぞれ5機以上を撃墜したが、味方も9人の操縦士が戦死した。そのなかにはパシュキエヴィッチュ少尉やヨセフ・フランティシェク軍曹（チェコ人）の、ふたりのエースもいた。この部隊の操縦士たちはポーランドで英雄となり、『303 Squadron』という書物は海賊版が作られて、占領下の祖国のおおぜいの若人たちに読まれたのだった。

1940年10月11日、疲れ果てた第303飛行隊はレコンフィールドに移った。そこでベテラン操縦士たちが教官となって、戦闘教育部隊の役割をつとめた。1941年初めにはスピットファイアに機種改変し、ノーソルトに戻るのだが、それはまた別の物語となる。

chapter 4

ポーランド空軍の再生

PAF reborn

出撃の合間に談笑するパヴリコフスキ大佐（右）とウルバノヴィッチュ中佐（中央）、ヤヌッス中佐（左）。パヴリコフスキは1920年のポーランド＝ボリシェヴィキ戦争で戦った古強者で、大戦間も有名な操縦士だったが、PAFが結成されると英戦闘機軍団司令部のポーランド連絡将校（つまりは、ポーランド戦闘機部隊の司令官）となった。最前線の実情に精通しておくため、彼はときおり攻撃に参加していたが、1943年5月15日、フランスへの出撃から再び戻ることはなかった。ヤヌッス中佐も「サーカス」「ロデオ」「ラムロッド」［爆撃機護衛任務］のベテランで、撃墜6機のスコアをあげていたが、1943年1月、フランス上空で乗機スピットファイアから落下傘降下をやむなくされ、捕虜となって終戦まで過ごした［1943年1月26日、味方機との空中接触による］。(Wandzilak)

「ポーランドとチェコの操縦士たちが母国とフランスで積んできた経験の効果について、私はいくらか疑わしく思ってきた。だが疑念は消えた。彼らの部隊が戦いで示した活力と熱意は、いくら称賛しても足りないほどである。第11集団所属の最初のポーランド飛行隊（第303）は1カ月間に、同時期のほかのどの英軍飛行隊より多くのドイツ機を撃墜した。英軍飛行隊のなかに小人数ずつ配属されて、彼らは実に勇敢に戦ったが、言葉の困難という問題がある。同国人だけの部隊なら、たぶん彼らをもっとも

能率よく働かせてやれるであろう」
これはダウディング空軍大将が空軍最高会議に送った報告からの抜粋である。

この成功の結果、明白となったのは、もっと多くのポーランド飛行隊を出来るかぎり急いで編成すべしということだった。ポーランド軍総司令官ヴワディスワフ・シコルスキ大将も、PAFの拡張を応援した。大将は前から、ドイツ人とじかに戦いを交える唯一の場は空からだと考え、ポーランドがこの面で強い存在感を示すことを望んでいた。

終戦時には、亡命PAFは14個飛行隊からなり、うち9個が戦闘機部隊だった。かなりの規模だが、ほかの被占領諸国の飛行隊同様、英空軍の組織に完全に組み込まれていた。ステファン・パヴリコフスキ大佐(1939年当時の追撃機旅団司令)が、ポーランド戦闘機軍の初代司令官に任命されたが、彼の公式な肩書は英空軍戦闘機軍団(Fighter Command)司令部との連絡将校(Liaison Officer)だった。英空軍は再編成されたPAFを認めはしたものの、パヴリコフスキと彼の幕僚たちは作戦立案にあたり、ほとんど独立性を持てなかった。実際のところ、彼らの主要な役割は戦後のPAFのために、前線部隊をいつでも統制できる練達の指揮官たちを確保することにあった。パヴリコフスキが1943年5月に戦死したあと、その地位は戦前から空中曲技チームのリーダーとして名高かったイェージー・バヤン大佐が引き継いだ。

ポーランド部隊は戦前の部隊人員を再び集めることで組織された。第4航空連隊の諸飛行隊は第306「トルンニ市」飛行隊に再編され、おなじみのアヒルのマークを採用した。第2航空連隊の生き残りは第308「クラクフ市」飛行隊となり、第121飛行隊の翼の生えた矢をマークにした。新設飛行隊が増えるにつれ、再編の基礎となるにふさわしい戦前の連隊も底をつき、結局、新しい部隊は後援の地として単に町を選び、

カジミェッシュ=ブロニスワフ・コシンニスキ大尉は1940年6月、フランスで協同撃墜3、協同撃破2をあげたのがスコアの始まりだった。1941年、彼はスピットファイア装備の第72飛行隊の小隊長として、さらに撃墜2、不確実追撃2の戦果を加えた。
(Wandzilak)

イェージー・ヤンキエヴィッチュは英本土航空戦中は第601飛行隊で戦い、その後第303飛行隊に加わって、1941年7月には同部隊指揮官となった。のちにヤンキエヴィッチュは英国人からなる飛行隊の最初のポーランド人隊長となっただけでなく、英国人からなる航空団を実戦で指揮した最初のポーランド人ともなった。

スピットファイアMk V B AD233は第222飛行隊長でエースのミルン少佐の乗機だったが、ヤンキエヴィッチュが後任の飛行隊長となったとき、この機体も引き継いだ。1942年5月25日、イェージー・ヤンキエヴィッチュ少佐は「ロデオ51」にこの機体で出撃し、グラヴリーヌ上空で戦死した。(Arnold)

一飛行隊のマークを採用するようになった。たとえば第315飛行隊は後援地にデンブリン(すべてのポーランド人操縦士の懐かしの町)を選んだが、部隊マークは以前ワルシャワの第112飛行隊が使っていたものをモデルにした。第316飛行隊はワルシャワの第1飛行連隊の他の2飛行隊(第113と114)の元隊員が居たことから、2番目の「ワルシャワ市」飛行隊となった。第303飛行隊と同名なのに、ふたつの部隊がほとんど混同されなかったのは、第303が「コシチュッシュコ」飛行隊として知られていたためで、その隊名の誉れと、先頃の「英本土航空戦」での栄光は大戦後期、多数のポーランド系アメリカ人に亡命ポーランド軍参加を決意させる大きな要因となった。最後に創設された昼間

第303飛行隊はポーランド人初のスピットファイア装備部隊として、1941年初めにMk I に機種改変した。最初のスピットファイアがノーソルトに到着した前後、「コシチュッシュコ」飛行隊の老兵メリアン・クーパー少佐が同部隊を訪れ、フェリッチ少尉、ズムバッホ少尉とともにカメラに収まった。ハリケーン装備のころと同様、スピットファイアでも伝統の部隊章がコクピットの後方に描かれていることに注意。(Koniarek)

鳥の衝突！ ウミカモメの群れに半ば隠れているのはスピットファイアV AD140/JH-Hで、PAF向けの最初のMk Vの1機として、1941年10月中旬に第317飛行隊に引き渡された。この風変わりな写真をよく見ると、プロペラの付け根部がピッチコントロール機構から漏れた油でひどく汚れているが、これは当時スピットファイアに共通の不具合だった。同じころの第317飛行隊機を撮した不鮮明な黒白写真でも、ピッチコントロール機構の油漏れは認められ、このことから、同部隊の飛行機はスピナを赤と白に塗り分けていたとする伝説が生まれた。実際は、ポーランドを象徴する印は機首に描かれた規定の四角章と、その下にステンシルで施された「POLAND」の文字だけだった。のちには第317飛行隊章がコクピット直後方に描かれた。AD140は第317飛行隊員のほか、1942年初頭にはエクセター航空団の司令でエースだったヴィトージェンニッチ中佐にも使用された。
(Bochniak)

戦闘機部隊は第317飛行隊で、ヴィルノを基地としていた第5飛行連隊出身者を基幹に発足したことから、「ヴィルノ市」を隊名とした。

　第6飛行連隊隊員は第307「ルヴウッフ市」飛行隊となり、夜間戦闘機部隊に選ばれて、通常のハリケーンでなく、デファイアント複座戦闘機を装備した。だがこの特殊任務はおおかたの操縦士たちには好かれなかった。彼らは「鉄砲付き深夜バス」の単なる運転手でありたくなかったのだ。初めのうちは隊員の出入りがひどく激しかったが、次第に他の飛行隊から夜間飛行の好きな操縦士が集まってきた。

献納されたスピットファイアVB AD257「Borough of Willesden」は第302飛行隊で識別記号WX-Aを付けられた。エースのグウフチンニスキ中尉はこの機で1941年12月30日、Bf109Fを1機撃墜した。
(Główczyński)

第307飛行隊はその役割を示すため「ルヴウッフのフクロウ」というニックネームを採用し、隊章は三日月の下でフクロウが飛行機をわしづかみにしているものにした。第307は唯一、夜戦専門のポーランド戦闘機隊だったが、夜間に飛んだのはこの部隊だけではなかった。事実、ポーランド人による夜間撃墜の2機目は第306飛行隊の戦果で、同部隊のウヴディスワフ・ノヴァック中尉が1941年5月11日01時15分、ハリケーンⅡでHe111を撃墜したものだった。同じ夜、同僚のゲラルッド・ラノシェック中尉ももう1機の爆撃機に損害を与えた。ラノシェックはやがて夜間戦闘がすっかり気に入り、第307飛行隊に移籍して、のちにその隊長となった。彼はポーランド夜戦操縦士として第2位のスコアをあげて終戦を迎えた。

　戦闘機隊となる最後のポーランド飛行隊は、結局は1944年も遅い時期まで戦闘機を貰えなかった。第309「ジェミャ・チェルヴィエンニスカ」飛行隊で、最初はライサンダー直協機を装備した陸戦協力部隊として1941年に創設された（戦闘機隊以外の飛行隊は「州」の名を隊名にした）。この部隊は何度も任務の変更を経験したが、それは英空軍がどうしたらもっともうまく陸戦に協力できるかということについて、考えをたびたび変えたことを反映していた。ライサンダーは1940年にフランスで時代遅れが証明されていて、第309飛行隊での使用も短期間になるはずだったことから、部隊は1942年初めには、アメリカ海軍が作らせたお粗末な急降下爆撃機、ブルースター・バーミュダに機種改変する最初の英空軍部隊に選ばれた。バーミュダの開発が無残な失敗に終わったあとは、かわりにダグラス・ボストン軽爆撃機が提案された。

　しかし結局のところ、部隊はマスタングⅠに機種改変し、戦術偵察任務を首尾よく遂行した。1944年、PAFは偵察部隊をひとつだけに絞ることを余儀

右頁上●グウフチンニスキ中尉（中央）は実戦勤務期間満了後、ポーランド軍総司令官ウヴディスワフ・シコルスキ大将（左）の副官として招かれた。PAFはシコルスキ将軍に負うところが大きかった。彼はたとえ陸軍、海軍から人員を引き抜く事態になろうとも、空軍の拡大を主張した。
(Główczyński via Wojciech Łuczak)

1941年夏から秋にかけてのある日、第308飛行隊のスタブロフスキ中尉の乗機スピットファイアⅤBが、ノーソルトで整備を受ける。コクピットの縁に座った整備員が、スタブロフスキの個人マーク「酔いどれ天使」を、カメラマンにわかるように指さしていることに注意。第308飛行隊は1941年を通じてもっとも武勲をあげたポーランド戦闘機部隊で、この年、撃墜52、不確実撃墜10、撃破13という戦果を収めた。
(Wandzilak)

なくされ、それにはイタリアを基地とする第318飛行隊が選ばれた。第309はマスタングIから、マーリン発動機を装備したマスタングIIIに改変する指示を受け、その過程で戦闘機軍団に転属した。マスタングIからIIIへの転換を、英空軍上層部はもっとも賢明な変更と考えていた。両型の違いは最小限——少なくとも飛行特性に関しては——だろうと推測していたのである。事実その通りであったかも知れない。だがマスタングIIIで「戦う」ことになると、第309の操縦士たちは空戦の経験をもっていなかった。そこで部隊はまず訓練のためにハリケーンIIに乗り換え、ついでもう一度、アメリカ製戦闘機に慣れるよう、マスタングIに再転換した。ついに1944年12月末、第309飛行隊は戦闘態勢完了と宣言された。

部隊の数が増えると、昔の「地域競争意識」が、いろいろなかたちで復活してきた。隊員たちは何とかして他の部隊より目立とうとし、部隊マーク（飛行機に描き、制服にも縫いつけた）とは別に、さまざまな「ひと目でそれとわかる印」が取り入れられた。たとえば、操縦士は全員、自分の所属部隊を示す色のスカーフを首に巻いた。第302は淡褐色、303は緋色、306は緑、308は白、315は青、316は暗い赤、317は明るい青だった。間違いなくもっとも派手だったのは第307の夜間戦闘機乗りたちのスカーフで、青緑色の地に、部隊マークの飛行機のところを酒瓶に置き換えた絵柄が染めぬいてあった。第309は戦闘機軍団に移ってから、ネイビーブルー地に白の水玉のスカーフを巻い

第315飛行隊のスピットファイアVBが、ベルファスト近郊、バリーハルバートの同部隊基地からロンドンに戻るカジーミエッシュ・ソスンコフスキ大将を護衛して飛ぶ。この写真はシコルスキ将軍の死後、新たにポーランド軍総司令官となったソスンコフスキ大将に、引き続き副官として仕えたグウフチンニスキ中尉が1943年8月に撮影した。2機目のMk VはBL993/PK-Xで、このときはエドヴァルット・ヤヴォルスキ中尉が搭乗していた。どちらの機体にも部隊章がなく、BM537にはPAFの四角章もないことが注目される。このころスピットファイアVは戦闘機として盛りを過ぎ、使い古された機体は僻遠の基地でおもに訓練用に使われたが、飛行隊は前線と北アイルランドの間を交代で行き来していたため、使用機も部隊から部隊へとたらい回しにされた。両方の機体にある尾輪のうしろの小突起は標的曳航装置の取り付け部。(Główczyński)

右頁●PAFの部隊章（上4段）とRAFポーランド人部隊の部隊章（下2段）。

ていた。

　ポーランドの赤と白の国籍標識を飛行機にどう描くかでも、所属部隊を示すことができた。第303は1942年初期まで、単にこれを描かないということで最大の違いを見せていた。あの有名な「コシチュッシュコ」のマークがあれば、それで十分ポーランド的と考えたのだ。他方、第302は1942年中ごろまで、部隊マークよりは国籍標識を、通常はコクピットの下に描いていた。第306も1942年まで、スピットファイアの後部胴体にPAFの四角いマークをつけていた。

　第308飛行隊は国籍標識をカウリングに描いた最初の部隊で、このため赤と白の四角をそれまでよりずっと大きく描くことができた。のちに第315、316、317もこれに倣ったが、サイズはもう少し小さかった。2年と経たぬうちに英空軍は公式規則を定めて、PAFのマークは機首カウリングの排気管の下にだけ描くことができると明記した。マークの寸法も空軍省命令A926号（1940年12月12日発令）に従い、6インチ×6インチに標準化された。国籍標識については6インチ×9インチも認めていたので、許されたスペースを目いっぱい使おうと、四角の上または下に「POLAND」と付け加えることもよくあった。

　大部分のポーランド人戦闘機操縦士は1941年春にはPAF部隊に集められていたが、英空軍の飛行隊で飛び続けた者もあり、何人かは小隊長、あるいは飛行隊長にまで昇進していた。イェージー・ヤンキエヴィッチュ少佐は1942年5月、第222「ナタール」飛行隊の隊長に任命され、英国人部隊を指揮する最初のポーランド人となった。

　12カ月前の1941年の夏、ともにポーランド人である第72飛行隊のコシンスキ大尉と第92飛行隊のピエトラシャック軍曹は、英空軍部隊で飛んでいる間にエースとなった。戦争が進んだ1942年5月31日、やはり英空軍飛行隊で飛んでいたエース、ブロック少尉もJu88を1機、協同撃破に成功した。一見、エースにとって重要なスコアではないように思えよう。だが、これは実は創設されてまもない第164「タイムズ・オブ・セイロン」飛行隊にとって、初めての戦果だった。スキーブレを基地に、スピットファイアMkVで装備されたこの部隊は、スカパ・フロー海軍基地の空を守る任務を帯びていた。この北辺の飛行場の諸条件は快適さからほど遠いことが多く、戦闘機軍団のお偉方は往々にして、興奮し過ぎる性格の人間（ブロックはまさにその例だった）の頭を冷やすのには、「164」へ転属させるのが一番いいと考えていた。ほかにもポーランド人操縦士が何人か、部隊がオークニー諸島に駐留していた間にここに転属となり、イグナツィー・オルシェフスキ大尉は数カ月にわたって「A」小隊長を務めた。

ポーランド人夜間戦闘機操縦士にエースは生まれなかったが、なかで最高のスコアをあげたのはミハウ・トゥルジャンニスキ軍曹で、1941年から42年にかけ、第307飛行隊でボーファイターを駆って爆撃機4機撃墜を公認された。写真は1941年11月2日の撮影で、前夜、彼は第2爆撃航空団第Ⅱ飛行隊のドルニエ爆撃機を2機撃墜した。(Bochniak)

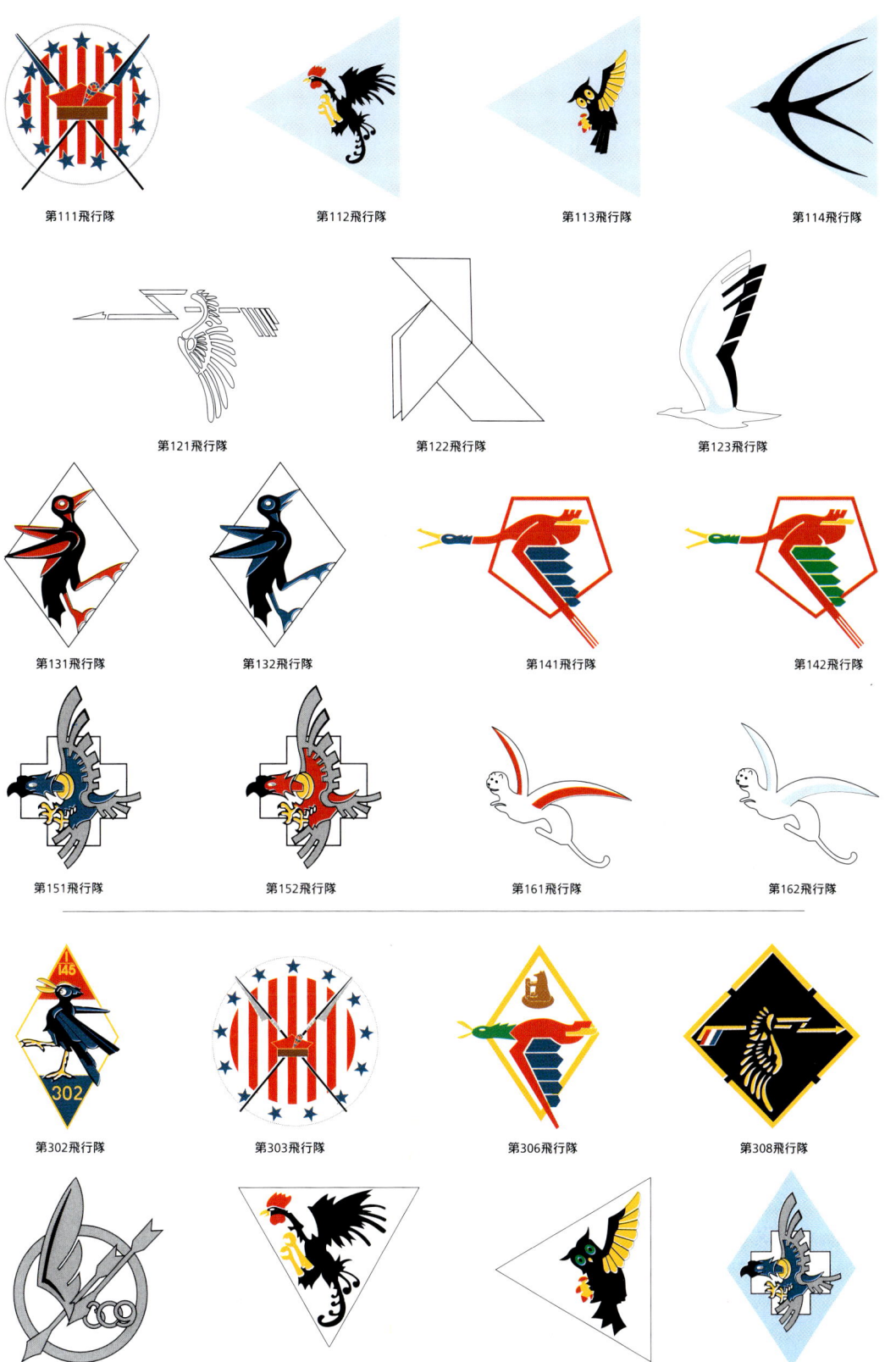

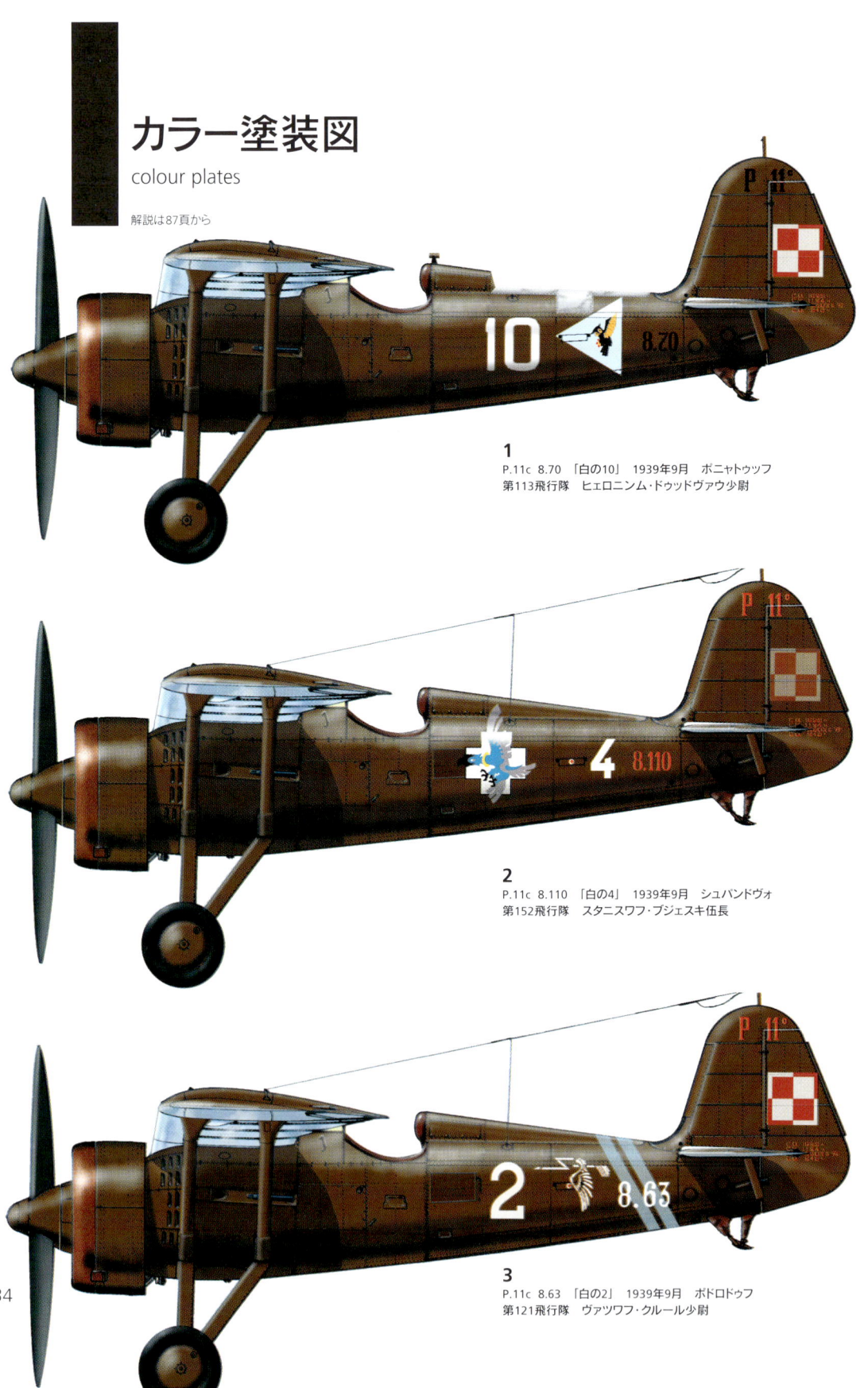

カラー塗装図
colour plates

解説は87頁から

1
P.11c 8.70 「白の10」 1939年9月 ポニャトゥッフ
第113飛行隊 ヒェロニニム・ドゥッドヴァウ少尉

2
P.11c 8.110 「白の4」 1939年9月 シュバンドヴォ
第152飛行隊 スタニスワフ・ブジェスキ伍長

3
P.11c 8.63 「白の2」 1939年9月 ポドロドゥフ
第121飛行隊 ヴァツワフ・クルール少尉

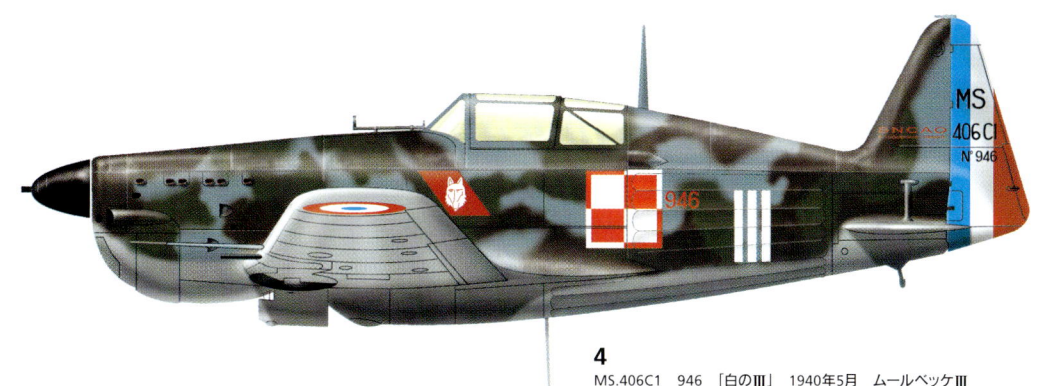

4
MS.406C1　946　「白のⅢ」　1940年5月　ムールベッケⅢ
第1戦闘機大隊第Ⅲ飛行隊（GCⅢ/1）　ウワディスワフ・グニッシ少尉

5
CR.714「シクローン」　I-234　「白の2」　1940年5月　ヴィラクーブレ
第145戦闘機大隊第Ⅰ飛行隊　チェスワフ・グウフチンニスキ少尉

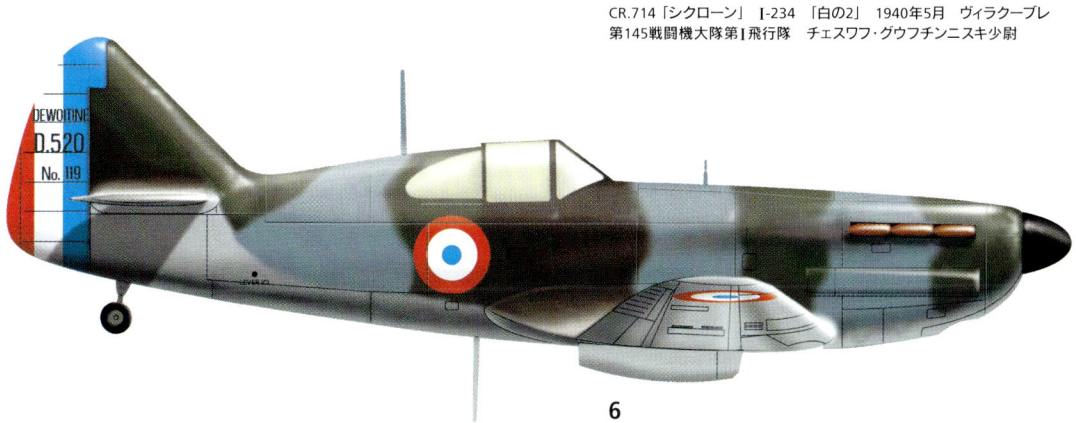

6
D.520C1　119　1940年6月　リュクサーユ
第7戦闘機大隊第Ⅱ飛行隊　ミエチスワフ・ミュムレル中佐

7
MB.151C1　57　1940年6月　シャトールー
He 戦闘防衛小隊　ズチスワフ・ヘンネベルッグ中尉

8
ハリケーンI　P3208　1940年8月　グレーヴゼンド
第501飛行隊　アントニ・グウォヴァツキ軍曹

9
ハリケーンI　V7235　1940年8月　ノーソルト
第303飛行隊　ルッドヴィック・パシュキエヴィッチュ中尉

10
ハリケーンI　V6605　1940年9月7日　ノーソルト
第303飛行隊　ズヂスワフ・ヘンネベルッグ少尉

11
ハリケーンI　P3939　1940年9月　ノーソルト
第303飛行隊長　ヴィトルッド・ウルバノヴィッチュ少佐

12
ハリケーンI　V6684　1940年9月　ノーソルト
第303飛行隊長　ヴィトルッド・ウルバノヴィッチュ少佐

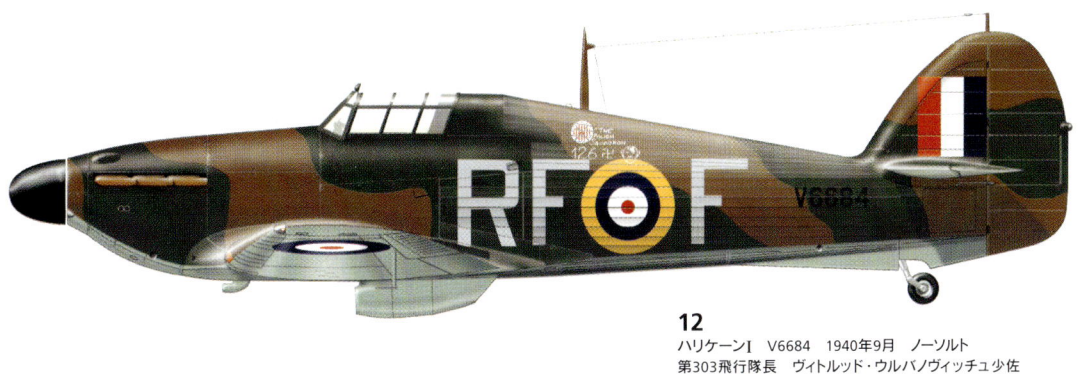

13
ハリケーンI　V7504　1940年9月　ノーソルト
第303飛行隊　スタニスワフ・カルービン軍曹

14
ハリケーンII　Z2405　1941年夏　チャーチ・スタントン
第316飛行隊　アレクサンデル・ガブシェヴィッチュ大尉

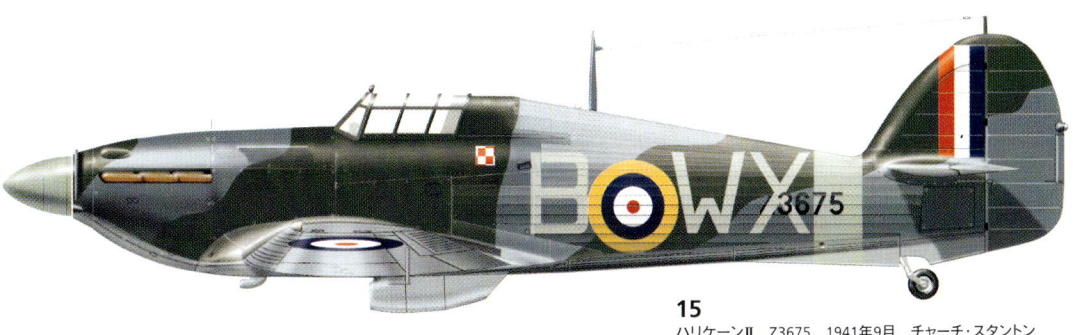

15
ハリケーンII　Z3675　1941年9月　チャーチ・スタントン
第302飛行隊　カジーミエッシュ・スポルニ少尉

16
スピットファイア I　L1082　1940年8月13日　ウォームウェル
第609飛行隊　タデウッシュ=「ノヴィ」・ノヴィエルスキ中尉

17
スピットファイア II　P8079　1941年3月　ノーソルト
第303飛行隊　ヴァツワフ・ワプコフスキ大尉

18
スピットファイア II　P8385　IMPREGNABLE　1941年5〜7月　ノーソルト
第303飛行隊　ミロスワフ=「オックス」・フェリッチ中尉

19
スピットファイア II　P7855　KRYSIA　1941年7〜8月　ノーソルト
第315飛行隊　ヤン=「コンニ」・ファルコフスキ中尉

20
スピットファイアⅡ　P8387　HALINA/BARTY　1941年8月　ノーソルト
第315飛行隊　スタニスワフ=「チャーリー」・ブロック軍曹

21
スピットファイアⅤ　AB824　1941年10月　ノーソルト
第303飛行隊　マリヤン・ベウツ軍曹

22
スピットファイアⅤ　W3506/RF-U　HENDON LAMB　1941年12月　ノーソルト
第303飛行隊　ミェチスワフ・アダメック軍曹

23
スピットファイアⅤ　P8742　ADA　1941年12月　ハロービーア
第302飛行隊　チェスワフ・グウフチンニスキ中尉

24
スピットファイアⅤ　AD130　1942年2月　ノーソルト
第316飛行隊長　アレクサンデル・ガブシェヴィッチュ少佐

25
スピットファイアⅤ　W3970　1942年初頭　エクゼター
第317飛行隊　タデウッシュ・コッツ中尉

26
スピットファイアⅤ　EN951　「ドナルド・ダック」　1942年10～11月　カートン・イン・リンゼイ
第303飛行隊長　ヤン＝「ヨーハン」・ズムバッホ少佐

27
スピットファイアⅩⅡ　EN222　1942年11月～1943年2月　ハイポスト
集中飛行開発隊　ヘンリック・ピエットシャック大尉　ウワディスワフ・ポトツキ大尉

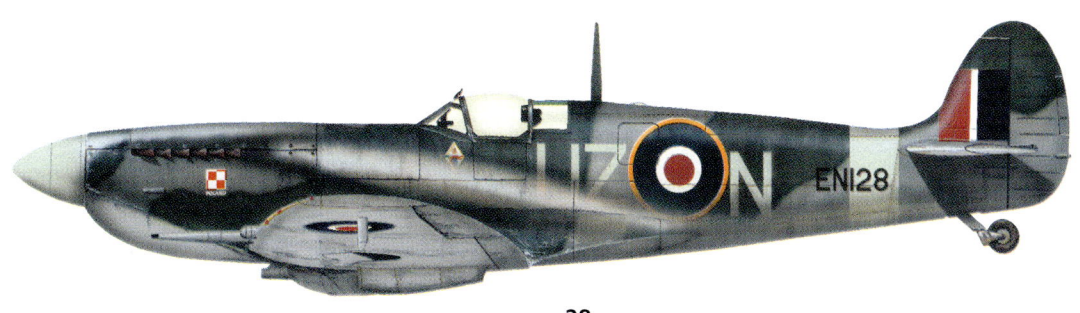

28
スピットファイア IX　EN128　1942年12月31日　ノーソルト
第306飛行隊　ヘンリック・ピエットシャック中尉

29
スピットファイア V　BM144　Halszka　1943年初期　カートン・イン・リンゼイ
第303飛行隊　アントニ・グウォヴァツキ中尉

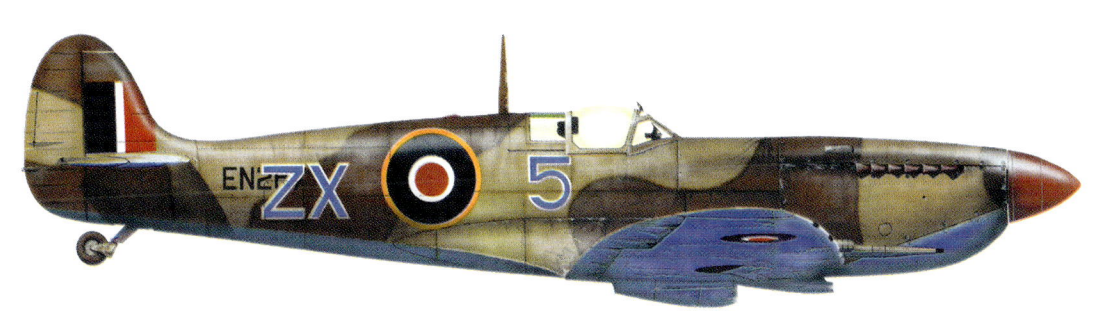

30
スピットファイア IX　EN267　1943年4月　グブリーヌ
ポーランド戦闘チーム（PFT）　カジーミエッシュ・シュトラムコ曹長

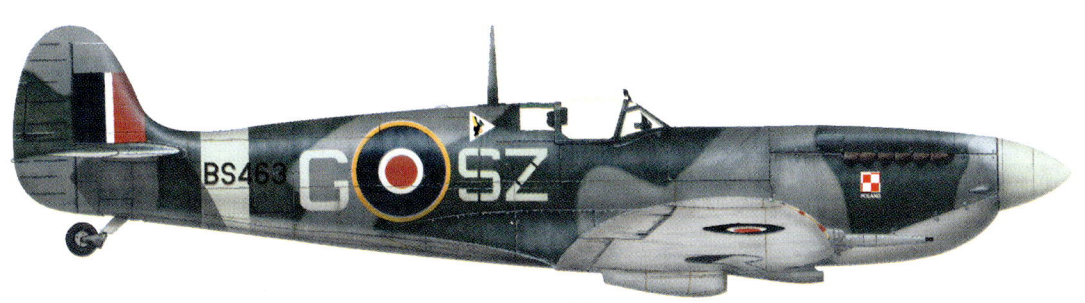

31
スピットファイア IX　BS463　1943年5月　ノーソルト
第316飛行隊　ミハウ＝ミロスワフ＝「ミキ」・マチェヨフスキ中尉

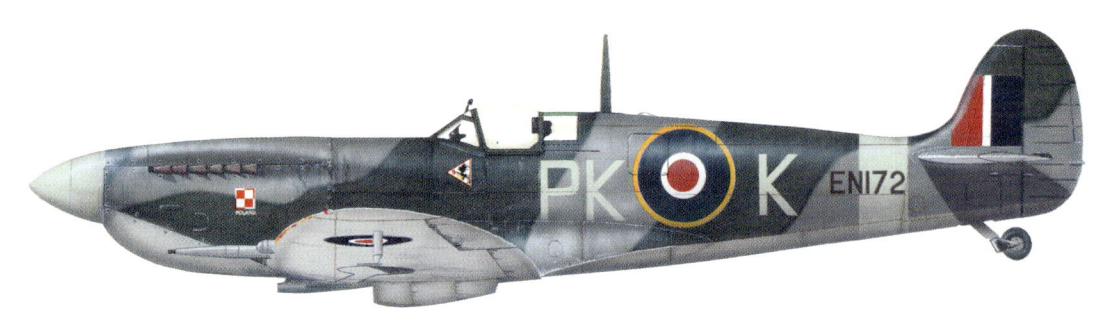

32
スピットファイアⅨ　EN172　1943年5月　ノーソルト
第315飛行隊　スタニスワフ＝「チャーリー」・ブロック中尉

33
スピットファイアⅨ　LZ989　1943年8月　ノーソルト
第316飛行隊　ユゼフ・イェカ大尉

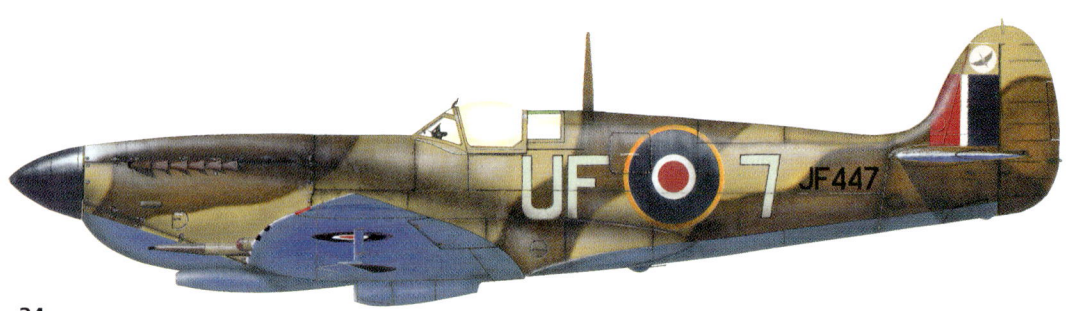

34
スピットファイアⅧ　JF447　1943年8月　レンティーニ・ウェスト
第601飛行隊長　スタニスワフ＝「スカル」・スカルスキ少佐

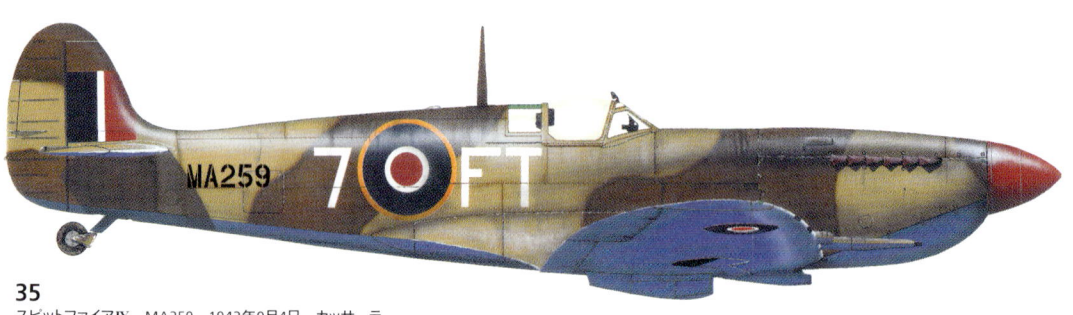

35
スピットファイアⅨ　MA259　1943年9月4日　カッサーラ
第43飛行隊長　エウゲニウッシュ＝「ホービー」・ホルバチェフスキ少佐

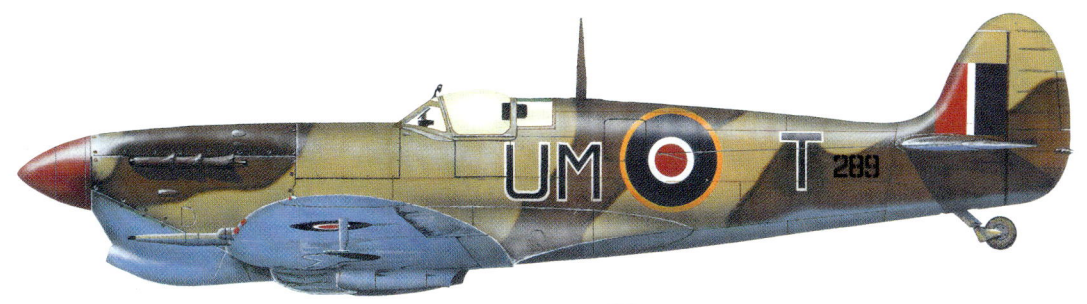

36
スピットファイアVC　MA289　1943年9月11日　ミラッツォ・イースト
第152飛行隊　ヴワディスワフ=「マチェック」・ドレツキ大尉

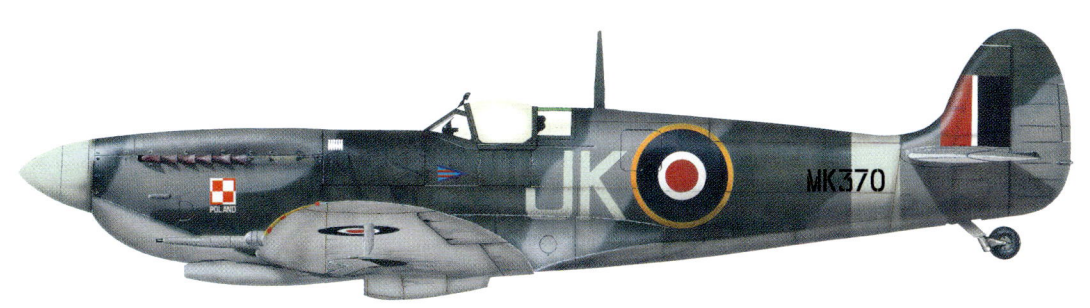

37
スピットファイアIX　MK370　1944年5月　チェイリー
第131(ポーランド)航空団司令　ユリヤン=「ロッホ」・コヴァルスキ中佐

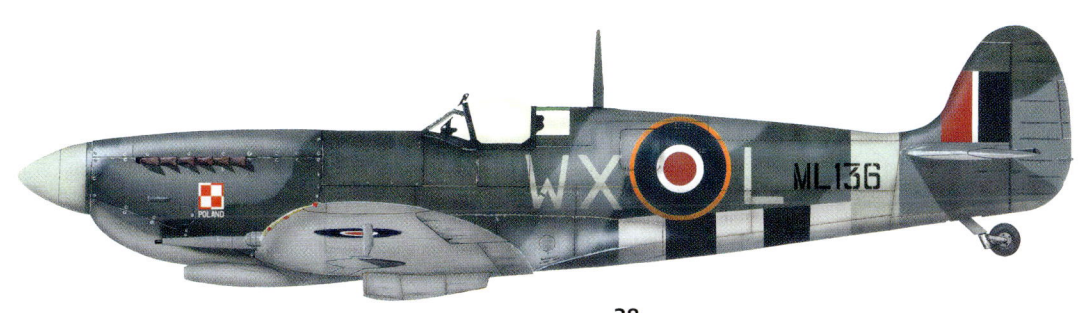

38
スピットファイアIX　ML136　1944年夏　フォード
第302飛行隊長　ヴァツワフ・クルール少佐

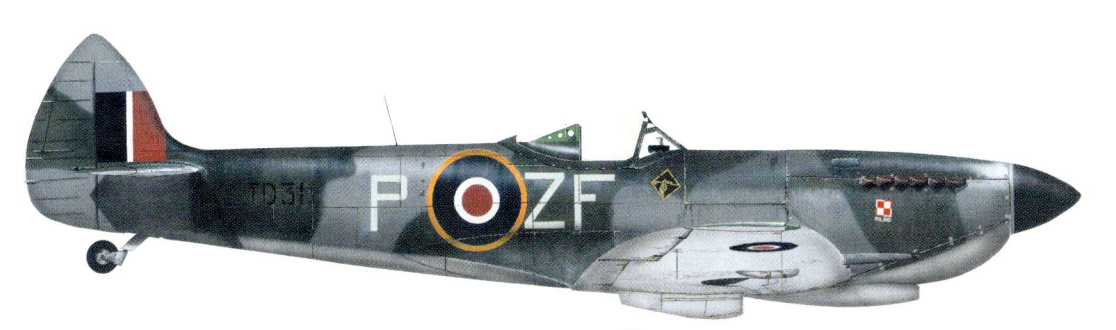

39
スピットファイアXVI　TD317　1945年4月　ノルトホルン
第308飛行隊長　カロル・プニャック少佐

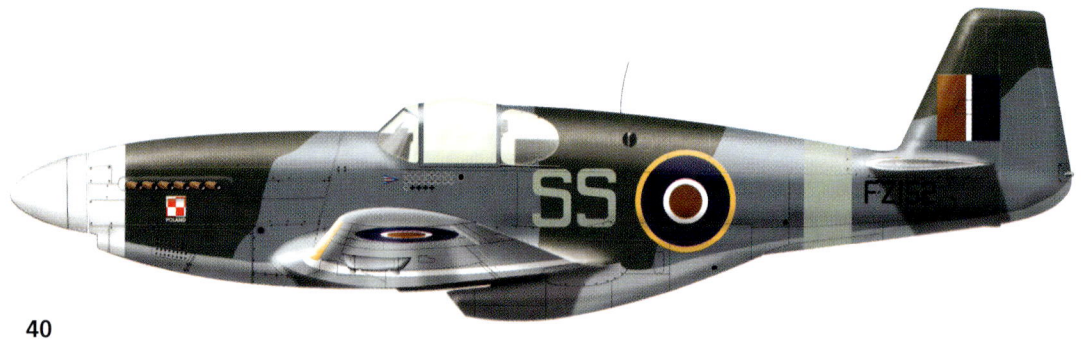

40
マスタングⅢ　FZ152　1944年5月　クーラム
第133航空団司令　スタニスワフ・スカルスキ中佐

41
P-51B　43-6898　The Deacon　1944年5月　デブデン
第4戦闘航空群第334戦闘飛行隊長　ヴァツワフ（ウインスロー）＝「マイク」・ソバンニスキ少佐

42
マスタングⅢ　FB145　1944年5～6月　クーラム
第315飛行隊　ヤクップ・バルギエウォフスキ曹長

43
マスタングⅢ　FB166　1944年6月　ブレンゼット
第315飛行隊長　エウゲニウッシュ＝「ジュベック」・ホルバチェフスキ少佐

44
マスタングⅢ　FZ196　1944年6月　クーラム
第306飛行隊　ヴワディスワフ・ポトツキ大尉

45
マスタングⅢ　HB886　1944年8月　ブレンゼット
第133航空団司令　タデウッシュ・ノヴィエルスキ大佐

46
マスタングⅢ　FB353　1944年8月　フリストン
第316飛行隊　ロンギン・マイェフスキ大尉

47
マスタングⅢ　HB868　1944年9月　ブレンゼット
第133航空団司令　ヤン・「ヨーハン」・ズムバッホ中佐

48
P-47D 42-25836 PENGIE III 1944年5月 ボクステッド
第56戦闘航空群第61飛行隊 ボレスワフ=「マイク」・グワディッホ大尉

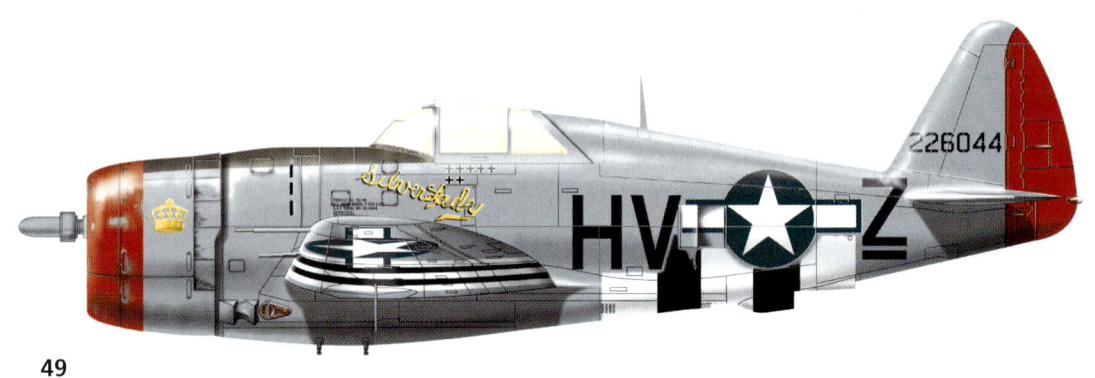

49
P-47D 42-26044 Silver Lady 1944年7～8月 ボクステッド
第56戦闘航空群第61飛行隊 ボレスワフ=「マイク」・グワディッホ大尉

50
マスタングⅣA KM112 1945年遅く コルティシャル
第303飛行隊長 ボレスワフ=「ガンジー」・ドロビンニスキ少佐

51
マスタングⅣ KH663 1946年 ヘーテル
第303飛行隊 ヤクップ・バルギエウォフスキ准尉

パイロットの軍装
figure plates

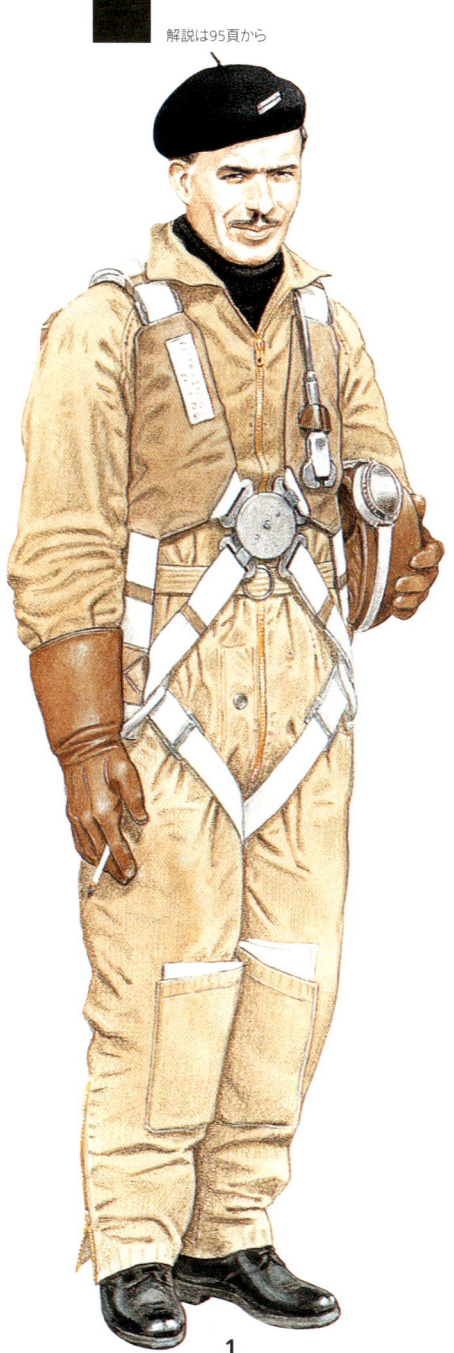

解説は95頁から

2
第121飛行隊　ヤン・クレムスキ伍長
1939年9月　ポーランド・バリツェ

3
第111飛行隊長
ヴォイチェッホ・ヤヌシェヴィッチュ中尉
1939年9月　ポーランド・ムウィーヌッフ

1
Ko 軽防衛小隊
アドルフ・ピエトラシャック上級伍長
1940年6月　フランス・ブールジュ

4
第317飛行隊長
ヘンリック=「ヘショ」・シュチェンスニ少佐
1941年11月　エクゼター

5
第131航空団司令
アレクサンデル=「ホラビヤ・オレシ」・ガブシェヴィッチュ大佐
1944年9月　フランス・ヴァンドヴィル

6
第302飛行隊
エウゲニウッシュ・ノヴァキエヴィッチュ軍曹
1942年春　ヘストン

chapter 5

ノーソルト航空団
northolt wing

　英空軍ノーソルト基地とPAFとの縁は、「英本土航空戦」で第303飛行隊が偉功をたてたときに始まり、Dデイ[ノルマンディ上陸の日]まで続く。ミドルセックスに位置するこの戦闘機基地は、大戦全期を通じて前線基地でありつづけ、駐留する部隊はヨーロッパ大陸での戦闘に休みなく出動した。その結果、1941年から43年にかけて、ヨーロッパ上空でポーランド人戦闘機操縦士があげた戦果の大部分はノーソルト航空団——ポーランドの記録では第1ポーランド戦闘航空団（1 Polskie Skrzydło Myśliwskie）——によるものとなった。

　後日、さらにふたつのポーランド人戦闘航空団が別の基地で編成されはしたものの、英国でのポーランド戦闘機基地を代表したのは終始ノーソルトだった。さまざまの部隊がここに来、また去っていったが、隊員は必ずポーランド人で占めていた。実際、基地がどれほど「ポーランド化」されたかといえば、将校集会所のバーに「英語わかります」という看板を取り付けることを余儀なくされたほどで、ときたまここへお客に訪れる連合軍人が、まわりで話されている言葉が分からなくて戸惑っているのを安心させるためだった。近くのライスリップにあったパブ兼ダンスホール「オーチャード」は、ノーソルト基地の隊員たちがしげしげと通ったところだが、ここでもポーランド語が支配的言語となった。また大勢のポーランド人飛行士が、ここに駐留中に英国人の花嫁を獲得した。

　この航空団は1941年、ジョン・ケントとヴィトルッド・ウルバノヴィッチュの共同指揮のもとに編成された。ふたりとも「英本土航空戦」では第303飛行隊で戦ったから、ノーソルトは初めてではなかった。1941年春になると英空軍部隊は大陸へ初めての攻勢をかけ、パ・ド・カレーに基地をおくドイツ空軍戦闘機隊の古強者たちと対戦した。ドイツ空軍は今では英国よりも味方占領地上空で戦っていた。フランスの空での戦いは1940年夏と同様に激しいもので、

1941年、ノーソルトに新設されたポーランド航空団の指揮官を、共同で務めていたときの「ジョニー」・ケント中佐とウルバノヴィッチュ少佐。ふたりは英本土航空戦での僚友だった。ケントは以前、第303飛行隊で「A」小隊長を務めたことがあり、ポーランド人たちを高く評価していた。以下に引用する同飛行隊記録の、1940年秋、彼が第92飛行隊長に任命されてノーソルトを去る際に残した言葉に、そのことが明らかに示されている。

「この飛行隊との別れを、心から残念に、また悲しく思う。英空軍史上、最高の飛行隊だった。諸君たちとともに過ごした日々は、私の生涯でもっとも感銘深く、教えられることの多いものだった」

1941年春、第303飛行隊はノーソルトでスピットファイアⅡに機種改変した。P7962/RF-A「Inspiration」（献納名）はグワディッホ少尉がたびたび使った、彼は総計17機にのぼるスコアの第1号を、このころはまだあげていない。5月9日、この機はドイツ第3戦闘航空団第Ⅲ飛行隊のBf109に撃墜され、操縦していたズムバッホ中尉はドーヴァー上空で落下傘で脱出して無事だった。

1941年8月29日、「サーカス88」に出撃してかなりの損傷を受け、ビッギン・ヒルに緊急着陸した第306飛行隊所属のスピットファイアⅡ、P8342/UZ-N。この戦闘で操縦士マルチン・マホーヴィアック軍曹はBf109を1機撃墜、ほかに4人のポーランド人エースもそれぞれスコアを増やした。P8342には献納名「CERAM」に加え、不思議な漫画が描かれているが、これは多分、以前の第145飛行隊時代の名残と思われる。第306飛行隊でカウリングに部隊章を、後部胴体にポーランドの四角章を書き加えていることに注意。(Chofoniewski)

第308飛行隊の幹部たち。左からポプワフスキ大尉、ジャック少佐、コッツ大尉。ポプワフスキは1941年10月に5機目を撃墜、コッツは1942年4月にエースとなった。コッツの右隣のヴァンジラック少尉は1941年9月21日、15時12分、1機の「ブロックMB.151」の撃墜を報告したが、実のところ、彼はFw190を撃墜した最初のポーランド人操縦士になっていたのだった。(Wandzilak)

ドイツ軍がソ連に侵攻すると[1941年6月]、英仏海峡対岸への攻勢はさらに強められた。

英空軍は一日のうちに数回の作戦行動を実施することがたびたびあり、その結果、戦闘機軍団は多くの勝利を得たが、損失もまた多かった。典型的な例をあげれば、1941年6月23日、ノーソルト航空団は二度出撃した。この出撃で「英本土航空戦」のベテラン、ヴォイチェホフスキ軍曹は彼の5機目の撃墜を記録し、また同日遅く、やがてエースとなるアダメックとヴュンシェの両軍曹もスコアをあげた。しかし、この日最高の戦果を得たポーランド人はグワディッホ少尉だった。正午ごろ、レッドヒルからベテューヌに向かう23機の爆撃機を護衛中（「サーカス19」＝第19次「サーカス」作戦。[サーカスは多数の爆撃機の護衛任務]）だった第303飛行隊のグワディッホは、生まれて初めて敵機を撃墜した。19時35分、第303は「サーカス20」作戦の一部として、ダンジネスとル・トゥーケ間を飛行中の爆撃機の援護のために、12機のスピットファイアⅡ型を再び出動させた。この2回目の出動で撃墜2機を公認されたグワディッホ（乗機はP8330/RF-D）の報告を以下に掲げる。

「デヴル飛行場を攻撃したあと、私は第303ポーランド飛行隊4個分隊のうちの第1分隊で飛んでいた。そのとき無線で、Me109が我々を後方からまさに攻撃しようとしているという警報が入った。振り返ると、メッサー1機がスピットファイアを追尾しているのが見えたので、旋回した。この敵に私は食いつくことができ、相手が急降下すると私も続いて、引き起こしたときにはドイツ機の真うしろについていた。距離50ヤード[45m]で短い連射を送ると、敵機は半横転に入り、炎に包まれて落ちていった。気がつくと私は単機になっていて、飛行隊長の帰還命令が聞こえたのに、味方の機影は見えなかった。海岸に近づいたとき、3000フィート[900m]上空にMe109が2機いるのに気づき、うち1機は私に向かって急降下してきた。私は身をかわして敵をやりすごし、そのあとを追った。双方とも引き起こして、私がまさに攻撃しようとしたとき、2番目の敵機がうしろに回った。私は旋回して格闘戦になったが、もう1機のMe109がこれに加わってきた。私はときおり急旋回をまじえて、海岸に到達しようと努めた。上空には8ないし10機のメッサーが旋回していて、順番に、た

1942年5月初めのノーソルトで、新任の第308飛行隊長ヴァレリアン・ジャク少佐（中央）と、その乗機となったBL670/RF-K。少佐の右は小隊長ピエンニコフスキ大尉、左は同じくズムバッホ大尉。BL670は以前はコワッチュコフスキ少佐の乗機で、彼が機体につけたニックネーム Krysia と、コクピット下に献納名「Ever Ready Ⅱ」、機首左カウリングに「Wojtek」（Wojciech の愛称）の文字が、まだ書かれたままになっている。このスピットファイアは3人の操縦士により撃墜3、協同撃墜2をあげ、機体自体がエースだった。(Koniarek)

いていは機銃を発射しながら私に向けて突っ込んできた。私のエンジンの調子がおかしくなり、また恐らく被弾したらしく、容易に旋回できなくなった。加えて、私はひどい疲労を感じはじめた。突然、敵の1機が、あたかも私の下にいる飛行機を攻撃するかのような急降下に入った。私は前にやったのと同じ戦術で、敵のあとについて降下し、そのうしろで引き起こした。だが、機銃の弾丸が出ない。すでに私は敵機に非常に接近していたが、そのとき敵がいきなり半横転を打ったため、私の乗機はMe109に衝突し、その尾部を切断した。開いていた風防から敵機の破片が飛び込み、私の右の目を切った。血が流れて目が見えなくなったが、高度1万4000フィート［4300m］で、まだフランス上空にいることはわかっていた。具合の悪いエンジンで、私はどうにか英仏海峡を越え、本部にトラブルを伝えたあと、マンストン基地に着陸しようと決めた。だがこのころには私はほとんど意識がなく、あとは思い出せない。気がついたときは病院にいた」

　以下はグワディッホの戦闘についての情報将校の報告を抜粋したもので、グワディッホが覚えていない、その飛行の最終部分を述べている。

ノーソルト基地の別のスピットファイアⅤとベテラン操縦士たち。BM144/RF-D「ドナルド・ダック」を背景に、左ふたり目からズムバッホ大尉、ジャク少佐、マルチーニャック大尉。この機体はズムバッホが第303飛行隊で「A」小隊長を務めていたときの乗機で、この機で彼は1942年4月27日、Fw190を1機不確実ながら撃墜した。同年5月25日、飛行隊長に昇進してからも、彼はBM144を使い続けた。バックミラーの支柱が長いことに注意。ズムバッホのスピットファイアはすべて同様に改造されていた。

1942年7月初め、前線で撮影された第302飛行隊所属のAA853/WX-C。白の縞模様（水平尾翼上面にもあることに注意）はこの月、たぶん連合軍の演習のために塗られたもの。この模様は翌月のディエップ上陸作戦の際、再び塗られたと研究家はよく主張するが、著者たちの広範囲にわたる調査では、そのことを裏付ける文書記録を発見できなかった。

「グワディッホ少尉機は電信柱にぶつかって、マンストン近くの野原に不時着した。エンジンがもぎ取れ、飛行機は完全に廃物となった。操縦士は顔面の深い切り傷と、ヒビの入った頭蓋骨、折れた鎖骨の治療を受けて、ようやく最近退院を許された」

　1941年夏の作戦出動の激しさは、わずか2カ月後の8月29日には「サーカス88」が実施されたということに、如実に示されている。この日、4人のポーランド人エースがスコアを伸ばしたが、うち3人はノーソルト航空団のヴェソウォフスキ大尉、ヤヌッス大尉（第308飛行隊）、ホゥデック軍曹（第315飛行隊）だった。ノーソルト航空団の記録は当日の行動を以下のように述べている。

「航空団は『サーカス88』の援護部隊として6時30分離陸。ロルスキ少佐が306飛行隊で指揮をとる。高度は306が1万8000フィート［5500m］、308が1万9000フィート［5800m］、315が2万1000フィート［6400m］。ライで爆撃機と会同。経路はアルドロ＝アズブルーク＝マルディック。7時12分、フランスの海岸線を越える。途中アルドロ、サントメール、アズブルークで敵の射撃を受ける。目標の近く、アズブルークから遠くないところでMe109の攻撃に遭遇。

たぶんディエップ上陸の日（1942年8月19日）、出撃前の状況説明に聴き入る第303飛行隊員たち。この日、同飛行隊はドイツ機撃墜7、協同撃墜2、不確実撃墜4の戦果をあげた。

306のマホーヴィアック軍曹は1機を追い、撃墜したのち低空で英国へ帰還の途についた。途中、軍曹は3機のメッサーから攻撃を受けた。乗機に被弾したことに気づき、彼は900フィート［270m］の高さにあった雲に隠れた。海峡の中途で雲から出て英国に到達したが、燃料が乏しかったため8時30分、ビギン・ヒルに着陸した。尾部操縦装置に機関砲の弾痕がふたつ、左翼に8カ所、右翼に3カ所の穴が開き、防弾鋼板にも機銃弾が命中していた。

「アズブルークから航空団はグラヴリーヌに向かった。8時20分ごろ着陸。

「戦果

1	Me109	撃墜	マホーヴィアック軍曹	第306飛行隊
2	Me109	撃墜	ホゥデック軍曹	315
1	Me109	撃破	ヴォリンニスキ少尉	315
1	Me109	撃墜	ヴェソウォフスキ中尉	308
1	Me109	撃墜	ヤヌッス中尉	308
1	Me109	撃墜	ジェリンニスキ軍曹	308

「味方損失

第306飛行隊	スウォンニスキ中尉	行方不明
308	ベットヘル少尉	行方不明
315	ミツキエヴィッチュ少尉	行方不明（落下傘降下）」

同じ戦いで、第72飛行隊（ビッギン・ヒル航空団）のコシンニスキ大尉もMe109を1機確実に、もう1機を不確実に撃墜したことを認められた。

激しい作戦出動は、11月になって悪天候のため中止されるまで続けられた。

第303飛行隊のAB174/RF-Qに搭乗して、アントニ・グウォヴァツキ少尉は1942年8月19日、1機のHe111を協同撃墜、さらに1機のFw190を不確実ながら撃墜した。この機に与えられた名前は、英国でポーランド人が直面した言語問題に根ざしている。ポーランド語のアルファベットには「Q」がないため、ふつう「KU」と表記され、一方、英語の「W」の音はポーランド語では特有文字の「ł」にもっとも近い。英語では「C」を「K」のように発音することも、多くの混乱を招いていた。［ポーランド語のCは〈ツ〉の子音となる］そこで、「KUKUŁKA」（ククウカ＝ポーランド語でカッコウ）を、「英語式に」綴れば「QQWCA」になる、という冗談が、この機名となった。(Koniarek)

ノーソルトに第317飛行隊を訪問したケント公が、カジーミエッシュ・シュトラムコ軍曹と握手する。シュトラムコは1939年にはポーランド第113飛行隊で、1940年にはフランスの第10戦闘機大隊第Ⅱ飛行隊で飛んでいた。写真左端は第317飛行隊長スカルスキ少佐、中央はノーソルト航空団司令ヤヌッス中佐。3人とも1943年までにエースの座につく。
(Bochniak)

1941年5月から12月までの間に、16名ものポーランド人操縦士がエースとなったが、多くはポーランドやフランス、そして「英本土航空戦」で各人がすでにあげていたスコアを伸ばした結果だった。だが、4人のポーランド人は1941年夏からスコアをあげ始めた。ドロビンニスキ、ホゥデック、ポプワフスキ、それにヤヌッスである。ドロビンニスキ少尉は謙虚な物腰と意思の強さから「ガンジー」とあだ名されていたが、1941年6月から7月にかけて6機を撃墜し、ポーランド操縦士中最高のスピットファイアⅡエースとなった。6月21日、「サーカス16」にP8335/RF-Rで出動したドロビンニスキは、ほかならぬアードルフ・ガランド中佐(第26戦闘航空団本部、Bf109F-2、Wk-Nr5776に搭乗)を不時着に追い込んだのである。

戦いに忙しかった前年にくらべて、1942年はポーランド人エースたちにわずかな勝利しかもたらさなかった。実り少なかったこの年、もっとも戦果のあったのは、不幸な結末に終わったディエップ上陸作戦［この作戦はまったくの失敗に終わり、参加したカナダ軍部隊の4963名のうち、その68％にあたる3367名が戦死・負傷するか捕虜になった］の支援のためにノーソルト航空団が出動

1942年から43年にかけ、英空軍ノーソルト基地司令を務めていたミュムレル大佐がスピットファイアⅤに乗り込む。基地では本来、飛ばない地位にあったミュムレルだが、英仏海峡の向こうへの掃討作戦には、よく飛行隊に同行した。彼が空戦で最後の勝利を収めたのは1943年2月3日、「サーカス258」でFw190を1機撃破したものだった。この日の出動は他のポーランド人エースたちにとっても実りが多く、第315飛行隊のブロック中尉、ツフィナル少尉はそれぞれFw190を1機ずつ撃墜し、第308飛行隊のコッツ大尉は3番目のフォッケウルフ戦闘機を不確実ながら撃墜した。だがコッツもダンケルクで撃墜され、敵の手を逃れて18日後に部隊に戻った。

先に述べた通り、ブロック中尉は3機目のスコアを「サーカス258」で、スピットファイアIX BS409/PK-Bに搭乗してあげた。だが未来のエースもすべて自分の思い通りというわけには行かず、乗機は戦闘でひどく損傷し、ブロックは機を捨てて脱出しようとした。キャノピーが引っかかって開かなかったため、ブロックは傷ついたスピットファイアをだましつつ、どうにか帰還に成功し、その後、この驚くべき写真のため、くつろいだポーズをとった。
(Archiwum Dokumentacji Mechanicznej-Warszawa)

第315飛行隊のスピットファイアIX、BS513/PK-Zとミハウ・ツフィナル少尉(右)およびタデウッシュ・ジュラコフスキ少尉。ツフィナルが英国であげたスコアはすべて同飛行隊でのものだった。彼はまたV1号に対してエースとなった3人のポーランド人のひとりでもある。1944年夏、彼は「ブンブン爆弾」撃墜1、協同撃墜4を認められた。(Cwynar)

した8月19日だった。この日、第303飛行隊は撃墜7、協同撃墜2、不確実4を公認された。第317飛行隊も撃墜7、協同撃墜1、撃破1の戦果をあげ、航空団本部小隊も2機を撃破した。

　1942年11月、PAF本部は英国における全ポーランド人戦闘機部隊の総合戦果が499機に達したとし、500機目の撃墜には銀製の盾を贈ると発表した。悪天候に妨げられて会敵できないまま数週間が過ぎ、ようやく1942年12月31日、ノーソルトのスピットファイアIX部隊がフランスへの「ロデオ140」[第140次「ロデオ」作戦。「ロデオ」は味方爆撃機をおとりに、敵を誘い出す護衛作戦]に出動することができた。第315飛行隊の作戦行動記録によれば——

「アベヴィル北10マイルで作戦司令部から、友軍飛行隊がベルク上空2万5000フィート[7600m]で20機のフォッケウルフFw190と交戦していると知らされた。現場に着くと、フォッケは6機しか見えなかったが、我々と同行した第306飛行隊がこれを攻撃し、我々は上空で援護するよう命令された。この戦

闘で第306は敵2機を撃墜し、ポーランド人操縦士による撃墜数合計を501とした。同時に、残念ながら彼らはふたりの操縦士を失った」

しばしば起こることながら、勝利と損失は同時に訪れ、喜びと悲しみが交錯した。PAFにとり500機目の勝利を得た操縦士は、のちにエースとなる。ヘンリック・ピエットシャック少尉は興奮し、ノーソルトに帰り着くずっと前から無線で撃墜を叫びたてた。501機目の勝利はズチスワフ・ランガメル中尉に与えられた。そのあと、2人の操縦士をめぐる大々的な宣伝（および叙勲）が行われ、ポーランド大統領と面会し、彼らの武勲談は英国で出ているほとんどあらゆる新聞——ポーランド語、英語、フランス語、あるいはチェコ語で書かれていようと——の紙面を飾った。

しかし、PAFの500機撃墜という数字は、英国人部隊に属するポーランド人による戦果を含んでいなかったことを忘れてはならない。これらを計算に入れるなら、500機目はそれより1年以上も前に、英国人部隊である第23飛行隊に属する夜間戦闘機乗員、レイメル＝クシーヴィツキ中尉（操縦士）、シュトラスブルゲル中尉（無線・航法士）、ボコヴィエッツ中尉（射撃手）により達成されていた。1941年12月6日夜、ハボックI型、BD112/YP-Tに搭乗して、彼らはこの戦争を通じて唯一の勝利——Ju88を1機撃墜、1機を撃破——をあげたのだった。

第306飛行隊のエース、ピエットシャック曹長（翼に腰掛けている）とソウォグプ中尉。ソウォグプは（「チャーリー」・ブロックと同様）大戦勃発時にはデンブリンの士官候補生で、急遽ポーランド飛行隊に下士官として配属された。本来1940年に予定されていた将校任官は、彼が英国に渡ってから実現した。(Arct)

1943年なかごろ、駐機場でくつろぐ第316飛行隊の操縦士たち。後方のスピットファイアIX（EN179/SZ-J Jean）は通常、グニッシ大尉（写真左端、カメラに背を向けて、イェージー・シマンキェヴィッチュ中尉に語りかけている）の乗機だった。マチェヨフスキ大尉やムルコフスキ軍曹もEN179にときおり搭乗し、ムルコフスキは1943年7月9日、本機でFw190を1機撃墜、もう1機を不確かながら撃墜した。(Wagner)

1943年8月17日、第303飛行隊のホウデック曹長はこのBS451/RF-MでFw190を2機撃墜した。ファルコフスキ少佐の航空日誌によると、少佐も9月6日に本機でFw190を1機落としている。ただ妙なことに、部隊の記録では少佐はその日の出撃でMA524/RF-Fに搭乗していたとある。(Chofoniewski)

chapter 6

スカルスキのサーカス
skalski's circus

(協力：トマッシュ・ドレツキ)

　1940年の後半、PAFの操縦士たちは敵機214機の撃墜を公認された。1941年のスコアは198機、そして1942年には90機に減った。西ヨーロッパのドイツ空軍は明らかに、もはや昔日のような強力な敵ではなく、PAFのエースたちがスコアを増やす機会が少なくなったことを、それは意味していた。

　西欧での敵の抵抗が弱まるにつれ、連合軍上層の戦略家たちは再び大陸侵攻を計画し始めた。このような企ての成否は上陸地点上空の制空権次第であり、また戦闘機部隊は地上軍と緊密に協力して行動しなくてはならなかった。飛行隊がすみやかに戦場上空に到達するためには、既存の基地からずっと離れた前線の仮設飛行場から効率よく行動できる、十分な機動性が必要だった。

　この種の戦闘は砂漠空軍（Desert Air Force）の戦闘機部隊には目新しいものではなかったので、Dデイに備えて、こうした戦闘についての有益な体験を得ておくため、ポーランド軍連絡将校ステファン・パヴリコフスキ大佐は英空軍に、経験豊かなポーランド人戦闘機操縦士の一団を北アフリカ戦線に派遣することを要請した。

　枢軸軍飛行機がはるかに豊富にいるらしい、エキゾチックな地域で戦うという考えは、70名もの志望者を引き寄せた。最終的に15名の操縦士が選ばれたが、うち3名がすでにエースだった。スタニスワフ・スカルスキ（この部隊の空中指揮官を予定）、ヴァツワフ・クルール、そしてカロル・プニャックである。プニャックはすでにイタリア機と実戦を交えた経験のある数少ないポーランド人で、1940年11月に、発作的に英国に来襲したイタリア空軍（Regia Aeronautica）相手に撃墜を記録していた。

　一方、クルールは1940年6月、GCⅡ/7に属して、アルジェリアとチュニジアの空を飛んだ経験があった。

　この部隊（公式には Polish Fighter Team ── PFT ── と呼ばれた）は1943年3月にアフリカに到着し、第244航空団（指揮官イアン・グリード中佐）のもとで、補給を受けるため第145飛行隊（指揮官ランス・ウェード少佐）に配属された。ポーランド人たちはすぐに気温の高さや苛酷な生活環境、「英本土航空戦」当時のような活発な飛行活動に慣れた。また砂漠空軍の操縦士たちは将校

「スカルスキのサーカス」の操縦士たち。左からクルール、マイッホシック、ポペック、ドレツキ、マルテル、アルツット。写真は1943年4月20日、この6人がそれぞれ敵1機を落とした空戦のあと撮影された。クルールはアフリカ到着前からすでにエースで、チュニジア戦線でさらに3機をスコアに加えた。ポペックは英国で第303飛行隊に所属して撃墜1、協同撃墜2をあげていたが、アフリカでさらに2機を撃墜した。(Arct)

も下士官もともに住み、ともに食事をし、ともに楽しんで、友情をはぐくんだ。
　はじめ、PFTはスピットファイアMkVを装備したが、これは英国でずっと性能の優れたMkIXで飛んでいた操縦士たちをかなり失望させた。だが、もっと良い飛行機が欲しいという要望は2週間足らずのうちにかなえられ、アフリカで最初のスピットファイアMkIXが部隊に割り当てられた。当時第601飛行隊に所属していたオーストラリア人操縦士、W・M・マジソンは回想する。
「私がチュニジアで航空団に加わったとき、スピットファイアMkIXを装備していたのは唯一、ポーランド部隊だけで、ほかの隊はMkVだったから、通常、ポーランド部隊が各飛行隊の上空援護の役をつとめていた。彼らの正式名は"Polish Fighter Flight(Team)"（ポーランド戦闘機小隊〈チーム〉）だったと思うが、ときには『スカルスキのサーカス』と呼ばれてもいた」
　スカルスキとホルバチェフスキは新しい飛行機で撃墜を重ね始めた。1943年3月28日、彼らはそれぞれJu88を1機ずつ撃墜した。やがてホルバチェフスキはアフリカ滞在中の撃墜数が5機に達し（それ以前の3機確実、1機不確実のスコアに加えて）、ポーランド人でただひとり「アフリカでのエース」となる。撃墜を確実なものにするためには大きな危険を冒すことで知られていたホルバチェフスキは5月6日、EN459/ZX-1でメッサーシュミット2機に単機で挑み、悲喜こもごも至るという表現の見本のような結末をもたらした。
　ホルバチェフスキは1機をすみやかに撃墜したが、もう1機のBf109に撃たれてエンジンが火を噴いた。落下傘で脱出しようと急激な空中動作をしたところ、火が消えたので、味方の前線までたどり着けるかどうか、やってみようと決心した。だが基地には彼がどうなったのか、何の情報も入らず、戦友たちは彼の死を確信した。第244航空団全員が、大胆さとユーモアのセンスで知られた「ジュベック」を悼んだ。ところが翌朝、彼は何事もなかったような顔で、食堂のテントにすたすた入ってきたものだから、みな大喜びした。ホルバチェフスキは滑空して、ほとんど困難もなくガーベスに着陸したが、乗機は思ったより損傷が大きく、部隊への連絡もできぬまま、そこで夜を明かしたのだった。
　アフリカでの戦いを通じて、3人のポーランド人操縦士がエースとなるに足る勝利を各自のスコアに加えた。前述のように、「ジュベック」・ホルバチェフスキが4月2日に5機目を撃墜して、その第一号となり、ポペック軍曹とシュトラムコ軍曹が続いた。
　ポペックの5機目は特筆に価する。4月28日、クルール大尉、スポルニ中尉、それにポペック曹長、シュトラムコ曹長はブリッジをしていた（彼らの好きな暇つぶしだった）。ビッドが上がってゆき、クルールがファイブ・ノー・トランプを宣言したのを聞いたポペック（彼の相手）は、にっこりしてダブルをかけた。クルールのパートナーだったスポルニは気おくれしてリダブルをかけ、「言っとくけど、上官にダブルをかけるなよ！」と付け加えた。このころにはクルールにはゲームは完全に負けだとわかっていた。

北アフリカの戦いも終わりに近いころ、捕獲したドイツ・アフリカ軍団の軍装を身に付けてポーズをとる「ジュベック」・ホルバチェフスキ。(Arct)

本職の画家だったボッホダン・アルツット中尉は、アフリカの砂漠に来てすらも、出撃の合間に寸暇を惜しんで画板に向かった。彼が描いたアフリカ戦線の絵の数々は、ポーランド操縦士たちのアフリカでの冒険を、色彩豊かな記録として留めている。(Arct)

「スカルスキのサーカス」が緊急出動しようとする瞬間をとらえた1枚。EN315/ZX-6はホルバチェフスキとポペックが、それぞれエースとなる5機目の撃墜を達成した際の使用機だった。事実、このスピットファイアは5人の異なる操縦士により撃墜6、不確実撃墜2、撃破2を記録し、PFTのどんな乗り手にも勝る武勲をあげた。そんな記録を立てた機体に、「サーカス」の操縦士ほとんど全員と、第145飛行隊「A」小隊長ヘスキス大尉までが乗ったのも不思議はない。手前から2機目のスピットファイア(EN261)もコクピットの下にカギ十字を描いているが、識別文字はまったく書かれていないように見える。この機体はZX-10と識別文字が書かれたときには、撃墜3をあげていた。(Cynk)

手元にはエースが1枚しかなかったからだ(偶然ながら、テーブルについていた中で戦闘機のエースも彼ひとりだった。だがポペックとシュトラムコがじきに仲間入りし、スポルニも1944年6月に5機目を落とすことになる)。賭け金もかなりの高額に達していたので、緊急発進命令を受けたとき、クルールは救われた思いだった。

出動命令を聞いたポペックが、自分のカードをポケットに納めたのを見て、相手方だったふたりは、ポペックが戦争など関係なく、勝てそうなゲームを止める気がないことを思い知らされた。まもなく彼らはビゼルタ上空をパトロールしていたが、ここでもポペックはついていた。ポペックにしてみれば、単にカード遊びの中休みだったかも知れないこの飛行で、彼は1機のマッキを発見し、これを降下して追いかけて撃墜した。1時間後、彼らは基地に戻り、勝負は続けられた。クルールとスポルニはスリー・アンダーで、ポペックのスコアをさらに増やしたのだ。

40日のあいだに、ポーランド・チームは敵25機を確実撃墜、3機を不確実撃墜し、9機を撃破して、かわりに1名の操縦士を失った(捕虜)。PFTの最後の勝利となったのは5月6日、シュトラムコが1機のBf109を撃墜したもので(これでエースとなった)、スカルスキも、もう1機を撃破した。

1週間後、北アフリカの枢軸軍が降伏し、PFTは解隊された。もともと操縦士たちはその経験を他に伝えるために、英国に帰還する計画だったが、「スカルスキのサーカス」に感銘を受けた砂漠空軍司令部はポーランド人たちに、地中海方面の英空軍部隊に指揮官として留まってくれるよう要請した。この申し出にスカルスキは、彼の操縦士のうち5人は下士官なので、と返事したところ、ハリー・ブロードハースト少将は即座に「彼らは明日には大尉になれるだろう」と答えた。PAF司令部は、行きたいものは自由に申し出を受諾してよいと宣言し、結局、3人がそうした。スカルスキ、ホルバチェフスキ、それにドレツキである。ドレツキは1939年から実戦で飛び、公式には3機を撃墜、1機を撃

破していたが、撃墜数をもっと多いとする資料もある。

　ホルバチェフスキは第43飛行隊に配属され、スカルスキとドレツキは第244航空団に留まった。7月半ばにスカルスキは第601「カウンティ・オブ・ロンドン」飛行隊の隊長となったが、以下に掲げる一連の引用は、スカルスキの戦闘機隊指揮官としての能力について彼の部下たちが述べたものである。

　「我々は6月にマルタ島へ移動し、7月にはシチリア島への上陸を援護した。1943年7月10日、侵攻の日の朝、テイラー少佐は撃墜されて戦死し、数日後、スカルスキ少佐が指揮官となった。彼はイタリアのフォッジアで南アフリカ人のオスラー少佐と交代するまで、約2カ月を我々とともにした。私はスカルスキ少佐をよく知っている。わりあい長いこと一緒だったし、よく彼の2番機として飛んだからだ。みなスカルスキ少佐を尊敬していた。私が一緒に飛んだなかでは最高の指揮官だった。幸いに彼とともに飛んだことのある大勢の人間が、私に同意してくれると信じる。私の覚えている小さな逸話からも、少佐が空中でどんなに冷静だったか、わかると思う。彼はいつもきわめて明瞭で正確な指示を、もちろん英語で出した。そのころ部隊にはふたりのベルギー人がいて、ひとりはコンゴ出身だった。彼はよく興奮する男で、おまけに英語がまったくひどかった。あるとき、そんなひと騒ぎのあったあと、スカルスキが口を開いた。『アジコ、…君が…ゆっくり…また…はっきり…話して…くれ…ない…と…私には…君の…いう…ことが…わから…ない』しばらくのあいだ、唖然とした沈黙が続いた」――W・M・マジソン

　「スカルスキ少佐は敵機を墜とすチャンスが訪れると、自分が栄誉を得ようとせずに、部下に『行け』というので知られていた。優秀で尊敬された指揮官だった」――W・J・マローン

　「スタニスワフ・スカルスキ少佐は私が601に加わったときの指揮官で、たしか1943年10月の遅くに中隊を去った。優れたリーダーで、予測できないような空中動作は決してせず、部下はつねに十分な状況説明を受けていたから、一緒に飛びやすかった。物静かな人柄で、操縦士たちから深く尊敬されていた」――ニュージーランド人、トム・ロス

第601飛行隊長を務めていた当時のスカルスキが、部隊章の描かれたトラックのかたわらでポーズをとる。(Drecki)

EP689/UF-Xは、スカルスキが第601飛行隊で搭乗した多くのスピットファイアVのうちの1機だった。(Arnold)

スピットファイアⅤ、MA289/UM-Tはドレツキ大尉が1943年9月11日、最後のスコアをあげた際に搭乗した。(Drecki)

　一方、ドレツキ中尉は1943年8月に第244航空団を去り、第152飛行隊の小隊長になった。彼の同僚操縦士のひとりだったロン・ベルは、ドレツキのことを次のように語る。
「マイクはいい男だった。いつもにこにこして冗談を言っていた。彼の撃墜数は本人が言っているよりも多かった……彼を引っ張ってきたのはイングラム（第152飛行隊長）で、部隊にはもっと戦術経験の豊富な人間が必要だったからだ。彼にはあらゆることが冗談の種で、いつも笑っていた。占領下のポーランドにいる家族のことも話してくれた。彼は決して命令をせず、何々してくれ、と頼んだ」
　1943年9月11日、ドレツキはBf109を1機撃墜した。第152にはしばらく戦果のない日が続いていたから、この勝利は突破口を開いたようなものだった。不運にも、彼はその2日後、離陸時の事故で死亡した。滑走路に近すぎる位置に駐機してあったスピットファイアに、彼の乗機の翼端が激突し、ついで一方のタイヤが破裂したのである。
　ホルバチェフスキ大尉は1943年7月6日、第43飛行隊に、やはり小隊長として着任した。彼の部下だった操縦士、J・ノービー・キングは後年、自著『Green Kiwi Versus German Eagle（ニュージーランドの青二才対ドイツの荒鷲）』のなかで回想している。
「彼は細身で髪は黒く、敏捷だ。ポーランドの勲章のほかに、砂漠空軍のポーランド人部隊での苛烈な経験から、DFC［殊勲航空十字章］をもっている。『ホルバチェフスキ』はちょっと言いにくいので、我々は彼を『ホービー』と呼ぶ」
　戦友のニュージーランド人、ジャック・トランス（のちに第351「ユーゴスラヴ」飛行隊を創設し、訓練し、指揮した）は説明する。
「『ホービー』はただちに新たな攻撃精神と自信を部隊に注ぎ込んだ——まず『A』小隊に、やがて全飛行隊に。自分がすでに傷を負わせた敵機にとどめを刺させるため、駆け出しの操縦士を呼び寄せたことも何度かあった」
　この後半の話は、第43飛行隊の作戦行動記録、1943年7月27日・12時45分のところに出てくる。

「3機のスピットファイアが、離陸したばかりの1機のME109を高度1000フィート[300m]で攻撃した。敵機は炎上して飛行場南方1マイル[1.6km]の地点に墜落したのを視認され、撃墜と認められる。最初に攻撃した操縦士、E・ホルバチェフスキ大尉は協同撃墜にしてほしいと望んだ。ME109協同撃墜者はW・H・リード少尉（カナダ）およびT・E・ジョンソン曹長」

8月9日、ホルバチェフスキは第43飛行隊長に任命され、部隊の作戦行動記録はこう述べた。

「我々全員は、小隊長としてすでによく知り、その能力をきわめて高く評価するホルバチェフスキ少佐を次の部隊長として迎えることを幸運に思う」

再び、J・ノービー・キング。

「『ホービー』は『フィンガー・フォア』隊形［親指以外の4本の指を伸ばした状態で、指先に相当する位置に4機を配置する編隊形］を我々に教え、飛行隊の12機が容易に運動でき、かつまた隊長のほうを見ながらも、おたがいの後方を警戒できるようにした」

同じく、ジャック・トランス。

「あるとき、ハリケーンが炎上して滑走路に墜落し、燃えてしまったときのことを思い出す。我々のほとんどは暴発する機銃弾から身をかわすことに精いっぱいだったのに、『ホービー』はまだ、ハリケーンの縛帯からぶら下がったままで、意識がないのか、死んでいるのかわからない操縦士を助け出そうとしていた」

部隊がカッサーラから出動していた9月4日、ホルバチェフスキはBf109を1機撃墜、しばらく後にはファルコーネから出撃して、さらに2機を落とした。どちらもスピットファイアMkⅧ、JF571/FT-13に搭乗しての戦果である（彼がこの飛行機に乗ったのは、このときだけだった）。9月15日には1機のFw190を撃破し、24時間後にはフォッケウルフ2機を撃墜した。

またホルバチェフスキは、より控えめなやり方でもドイツ軍との戦いを楽しんだ。1943年10月1日、ナポリが陥落したというニュースが飛行隊に広まった。部隊では最近、ワインの蓄えを飲み尽くしたところだったし、BBC放送を受信できる唯一のラジオも壊れていたので、部隊長（情報将校も随行）はジープを駆って、これら不可欠な物資の調達に出かけた。一見、解放されたらしく見える市街に入るとすぐ、彼らはイタリア人群衆に阻止された。英語、イタリア語、ポーランド語が飛び交った議論で判明したのは、町が解放されたというニュースはいささか誇張で、実のところは1両のドイツ軍ティーガー戦車が、その近辺を支配しているということだった。事態の変化にも「ホービー」は少しもたじろぐことなく、第7機甲師団のシャーマン戦車数両を何とか捜し出し、地元住民の助けも借りて、問題のティーガー戦車を始末するのに成功した。ジープの後部座席を「買い物」で一杯にして基地に帰ったホルバチェフスキは、連合軍の前進についてのニュースは今後、事実を確認してからにすべきだ、と感想

地中海戦線から英国に帰還した直後のスカルスキ中佐とホルバチェフスキ少佐（2個目のDFCを誇らしげに着けている）。ふたりの胸ポケット上の十字型をしたPFTバッジに注意。スカルスキはその上に第601飛行隊バッジも付けている。(Bargiefowski)

を述べたものだ。

　10月半ばには、部隊はカーポディキーノを基地としていた。第43飛行隊の書式第541号の10月13日の項には、次のように記載されている。

「10時00分、E・ホルバチェフスキ少佐の転属を聞く。飛行隊全体が茫然となる。本飛行隊で過ごした短い期間の間に、彼はみなから慕われ、きわめて高い尊敬を受けた。その活動力、熱意、さらに静かながら断固とした統率力は、彼を理想的な飛行隊指揮官たらしめていた。将校集会所でお別れのパーティーが開かれたが、『ホービー』が居なくなるという思いがみなの胸を重くし、いつものような陽気さはなかった。翌日8時00分、ホルバチェフスキ少佐は飛行隊全員の祝福を受けて去った」

chapter 7
米陸軍航空隊コネクション
US connection

(協力：ピョットル・ヴィシニエフスキ、ミハウ・ムハ)

　1942年6月半ば、第303飛行隊は自分の働きでかち得た休養期間として、多忙な前線戦闘機基地ノーソルトを離れ、比較的辺地というべきカートン・イン・リンゼイに移った。当時、この飛行場は新しく到着したアメリカ第8航空軍第1戦闘航空群（FG）第94戦闘飛行隊（FS）のP-38ライトニング部隊の基地でもあった。のちにアメリカ人たちは、第303飛行隊の編年史のなかで、こう述

1942年夏、梯形（ていけい）編隊で飛ぶ第303飛行隊のスピットファイアVB。いちばん手前のBM540/RF-Lは、同飛行隊の記録によれば、ホルバチェフスキ大尉が「高度3万フィート［10500m］の、ライトニングとの格闘戦」に使用した。当時PAF部隊は米陸軍航空隊第1戦闘航空群第94戦闘飛行隊とともに、カートン・イン・リンゼイを基地としていた。(Wandzilak)

べている。

「1942年8月23日、カートン・イン・リンゼイ。英国到着にあたり、高名な第303飛行隊と基地をともにすると聞いて、我々は大いに喜んだ。大きな期待を抱いて、我々は1942年7月25日、カートン・リンゼイに着陸した。ほとんどすぐに、ポーランドとアメリカの飛行隊のあいだには、将校同士、また下士官同士の強い友情の絆が結ばれた。友情は、とりわけ模擬空中戦などの訓練や、ホルバチェフスキの見越し射撃の話、ポーランド部隊の戦闘フィルム、ズムバッホの編隊の組み方など、頻繁に行われた講話によって深まった。加えて他の操縦士全員が、『見張れ、見張れ、つねに見張れ』『絶えず蛇行せよ』と強調した。第303は我々の訓練を助けてくれた」

「空戦技術についての強力な助言、編隊の組み方の指導、また将来の我々にとって計り知れぬほど役立つに違いない、低燃費飛行のみごとな手本を我々に与えてくれたことを、わが部隊全員は忘れず、深く感謝するであろう。まだ未完成とはいえ、航空群編隊競技でわが飛行隊の飛びぶりが最高位に輝いたのは、303との結びつきによるところが大きい。我々との数多い格闘戦訓練では、彼らは操縦士としての戦闘機動よりも、カメラマンとしての経験のほうを多く積んだのだが［模擬空戦では相手を照準に入れて引き金を引くと、機銃の代わりにガンカメラが作動し、命中か否かをフィルム上で判定する。ポーランド人操縦士の腕の高いことを指す言葉］、我々は彼らから多くのことを学んだように思う」

第94戦闘飛行隊長、グレン・E・ハバード少佐が続けていう。

「カートン・イン・リンゼイでの短い滞在のあいだに、303の諸君は94を向上させ、築き上げるのを大いに助けてくれた。我々全員に成り代わり、私は深くこれに感謝する。303の打ち立てた素晴らしい記録に、我々が近づけるように。この大記録を超えられるとは思わないが、少なくとも並ぶように努めるつもりでいる」

フランシス・ガブレスキー大尉は1942年遅くに、第315飛行隊へ交換勤務のため配属された。この部隊で過ごしたことは、ガブレスキーが実戦経験を積み、ポーランド語の錆を落とし、ポーランド空軍操縦士たちのなかに新たな友人を得るのに役立った。写真は任務から戻り、第315飛行隊のスピットファイアの操縦席から出るガブレスキー。(Koniarek)

ガブレスキーのポーランド人たち
Gabreski's Poles

1942年も遅くなって、米第8航空軍のフランシス・ガブレスキーという大尉が英国に到着した。両親がポーランド出身のおかげで言葉が話せたので、彼は戦闘経験を積むため、ポーランド部隊への配属を志願した。ノーソルト航空

団に送られると、コワッチュコフスキ中佐は彼をタデウッシュ・サヴィッチュ少佐の第315飛行隊に配属した。1942年12月から翌年2月までのあいだに、ガブレスキーは戦闘に11回、海上救難飛行に2回出動し、貴重な実戦体験を得た。コクピットの外では、「オーチャード」などで大いに楽しんだ。多くのポーランド人操縦士たちとも、強い友情で結ばれた。

　1年もしないうちに、ガブレスキーはハブ・ゼムキ率いる高名なP-47部隊である第56戦闘航空群のなかの第61戦闘飛行隊長となり、B-17を護衛して、ドイツ上空で幾多の戦いを繰り広げた。対照的に、ノーソルトでの彼の旧友たちは、Dデイ準備のために「大西洋の壁を弱める」一環として、地上目標の攻撃に精出していたため、何カ月もほとんどドイツ機を目にしていなかった。そんなわけで、空中で戦う機会がないことに欲求不満を募らせた操縦士の幾人かが、実戦勤務期間が満了したあと、アメリカ軍部隊へ転属を願い出たのは無理もないことだった。こうした転属を最初に認められたのはガブシェヴィッチュ中佐で、1943年12月12日に第56戦闘航空群に加わった。そのほかに、ロンドンでの幕僚の席に自分が居なくとも不都合はあるまいと勝手に考えた人々が、何の公式許可も受けずにガブレスキーの部隊に加わって、ときおり実戦に参加した。

　こうした人々のなかに、タデウッシュ・アンデルッシュ中尉（第315飛行隊当時の「ガビー」［ガブレスキーのあだな］に、さまざまな「商売の手練手管」を教

米第8航空軍第56戦闘航空群第61戦闘飛行隊の「ポーランド分隊」。左からボレスワフ・グワディッホ、タデウッシュ・サヴィッチュ、フランシス・ガブレスキー、カジーミエッシュ・ルットコフスキ、タデウッシュ・アンデルッシュ、ヴィトルッド・ワノフスキ。1944年春、この部隊で6人目のポーランド人操縦士として飛んでいたズビグニエフ・ヤニツキは、この写真が撮影される以前の6月13日に戦死した。(Wagner via Stachyra)

えた人物)、ボレスワフ・グワディッホ大尉、それにヴィトルッド・ワノフスキ大尉がいた。彼らは全員、その後数カ月の間に、P-47でそれぞれのスコアを増やすことになる。アンデルッシュはやがてポーランド飛行隊に復帰するが、残るふたりの非公式な身分状況は、その年後半にはアメリカ陸軍航空隊中に、またPAFに知られるようになった。ポーランド当局は、以前にも何度かPAF高官たちに頭痛を起こさせた前科のあるグワディッホとワノフスキを懲らしめようと、公の勤務を再開するか、それとも軍からの追放かの選択を迫った。ふたりは即座に、机仕事より戦闘機を飛ばすほうを選び、やむなくポーランド空軍を去った。P-47に乗り続けて、1944年末までにグワディッホは10機、ワノフスキは4機の敵を撃墜していた。

PAF司令部は、戦後に役立つであろう実戦経験をつけさせるために、飛行士たちをアメリカ陸軍航空隊に送って飛ばせるというアイデアに前向きな姿勢だったが、第8航空軍の戦略爆撃という任務は、戦後のポーランド空軍に予想される役割に関連が深いとは思えなかった。

しかし、もっぱら戦術的行動を受け持っていた第9航空軍ならば、ずっと有益な多くの機会が得られることから、多数の将校たちがここに配属され、そのなかにはグウォヴァツキ大尉、グウフチンニスキ大尉といったエースの姿もあった。だがグウォヴァツキ大尉は幕僚部の書類つくり仕事に失望して、飛行部隊転属を志願、1944年9月、PAFの第309飛行隊の指揮を任された。グウフチンニスキは、それほど公式的でないルートで第366戦闘航空群へ転属し、実戦に加わることに成功した。前線で作戦行動中に直面する兵站業務を研究したい、というのを表向きの理由にしたのだ。彼は第390戦闘飛行隊で、終戦までサンダーボルトで飛ぶことになる。

P-47D 42-26044/HV-Ż「Silver Lady」は、グワディッホとワノフスキのふたりの乗機となって、若干の戦果をあげた。(Wagner)

1944年、第4戦闘航空群第334戦闘飛行隊長のときのヴァツワフ・ミハウ・ソバンニスキ少佐(米陸軍航空隊の記録によると、ウィンスロー・マイケル・ソバンスキー)。(Konsler via Mucha)

謎のソバンニスキ
The Mysterious Sobański

「『イーグル飛行隊』[アメリカ人で編成された英空軍戦闘飛行隊]から発展して英国を基地としていた第4戦闘航空群で、私がスピットファイアに乗っていたころ、部隊にマイク・ソバンスキーという名のポーランド人がいた。英空軍からアメリカ陸軍航空隊に移籍して、アメリカ市民になっていた。いいやつで、ポーランド訛りの英語を話した」──L・W・チック二世（P-47のエース）

「マイクは私と同室で、もっとも親しい友だった。たぶん、今までで最高の親友だ。戦後、すすめられて私は本を書いたが、ひとつの章を彼のために割いた」──ジェームズ・A・グッドソン（P-51のエース）

1919年7月29日、ワルシャワの名家に生まれたヴァツワフ・ミハウ・ソバンニスキは、1939年には歩兵部隊にいて戦傷を負った。ドイツに占領された祖国を去るために、彼は家族のコネを使って、アメリカへ渡る旅券を手に入れた。1940年夏、アメリカに着いたソバンニスキは、英空軍に入隊しようとカナダに赴いたが、英語の試験で落第した。それでも勉強を重ねて、何とか飛行訓練を終えることはできた。奇妙に思われるかも知れないが、彼は結局、PAF部隊にはついに加わらずに終わることになる。ただ1942年5月に、短い間だが英空軍の第132飛行隊と164飛行隊にいて、ポーランド人と一緒に飛んだことはあった（あとの部隊では「チャーリー」・ブロックに会っている）。

新たにアメリカ市民権を得たことで、ソバンニスキは米第8航空軍に移籍し、第4戦闘航空群で飛ぶことになり、1944年4月半ばから第334戦闘飛行隊の指揮をとったが、Dデイ当日、2度目の出撃で戦死した。第4戦闘航空群の記録によれば、彼は5機の撃墜と1機の協同撃墜（1機の地上撃破を含む）を公認されていた。アメリカ陸軍航空隊での彼の公式スコアはのちに撃墜5、協同撃墜2（地上撃破3を含む）に修正された可能性がある。

興味深いことに、ソバンニスキは「ジュベック」・ホルバチェフスキに会っていると思われる。1944年4月16日に第4戦闘航空群はデブデンで、同部隊によるドイツ機400機撃墜を祝うパーティーを開いた。ホルバチェフスキの個人的メモのなかで、この催しが珍しくも特記されていることからも、忘れがたい

乗機P-47「Blitz Buggy」の前に立つ「チェス」・グウフチンニスキ。第9航空軍第366戦闘航空群で、彼の個人用機だった。(Głowczyński via Wagner)

パーティーであったに違いない。

ウルバノヴィッチュ対日本
Urbanowicz versus Japan

　ポーランド人は、ドイツおよびイタリアとはヨーロッパと地中海のほとんどあらゆる前線で戦っていたが、3番目の枢軸国にはずっと少ない注意しか払われなかった。事実、ポーランドを代表して日本との戦いに実際に参加した人間は、たったひとりだけだった。

　1942年6月以来、ヴィトルッド・ウルバノヴィッチュ少佐はワシントンでポーランド大使館付空軍武官補佐官を勤めていた。そこで彼は「コシチュッシュコ」飛行隊の創設者で、1940年に英国で会ったことのあるクーパー大佐に再会した。中国でアメリカ人義勇兵グループ（American Volunteer Group:AVG）「フライング・タイガース」の創設を手伝ったこともあるクーパーは、ウルバノヴィッチュを同部隊の司令官クレア・シェンノート将軍に紹介した。ウルバノヴィッチュはシェンノートに対し、AVGで飛んでみたいという希望を表明し、1943年も遅くになって、彼は中国に送られた。公式には、地上作戦への空からの支援について実戦経験を得るためというのが理由だった。はじめは呈貢の第16戦闘飛行隊と昆明の第74戦闘飛行隊で、それから衡陽の第75戦闘飛行隊に移り、1943年の11月から12月にかけて、ウルバノヴィッチュは12回の作戦に出動した（飛行時間にして約26時間）。

　1944年1月11日、シェンノート少将はウルバノヴィッチュに航空殊勲章を授与した。その勲記には中国での彼の活動が簡潔に述べられている。

　「1943年10月23日から12月15日までのあいだ、ウルバノヴィッチュ少佐は在中国アメリカ陸軍航空隊に志願して参加し、空中戦において称賛すべき業績をあげた。この期間中、少佐は戦闘機操縦士として低空地上攻撃、爆撃、お

ウルバノヴィッチュ少佐（右）と第23戦闘航空群第75戦闘飛行隊長エルマー・W・リチャードソン少佐。1943年12月、中国・衡陽で。(Lopez)

この写真の裏に、ウルバノヴィッチュは「中国での私の飛行機」と書いている。彼は短い間しか部隊に居なかったから、個人用の機体を割り当てられることもなく、出動ごとに違う飛行機に乗っていた」と語るのは、同僚でウォーホークの操縦士ドン・ロペスである。つまり、この機体で飛んだ可能性はある。カーチスP-40K-1「The Deacon/SAD SACK」は通常L・R・「ディーコン」・ルイス中尉の乗機で、彼は本機で1943年12月10日、日本軍が衡陽を空襲した際、川崎九九式双軽爆撃機を1機撃墜した［12月10日、90戦隊の九九式双軽2機喪失、百式司偵1機喪失］。(Koniarek)

よび空中護衛任務に約34時間飛行した。大部分は洞庭湖地域で日本軍に圧迫された中国軍地上部隊を空から支援するための任務であった。1943年12月11日、少佐は基地へ戻る途中の日本軍機編隊に対する攻撃に参加し、続いて起きた空戦で敵戦闘機2機を撃墜した。軍務全期間を通じて、少佐は敵をものともせぬ勇気と優れた戦闘技術を発揮した。その戦いぶりは少佐自身のみならず、ポーランド軍、またアメリカ軍の名誉の記録となるものであった」
[12月11日、第74、第75戦闘飛行隊は南昌飛行場を襲撃、戦闘機撃墜7機を主張。85戦隊、二式単戦喪失2機、戦死2名]

chapter 8
大陸反攻とその後
invasion and on

（協力：ミハウ・ムハ）

　1943年遅く、PFTのベテラン、スカルスキ少佐とホルバチェフスキ少佐は地中海の英空軍部隊を去り、英国に帰還した。Dデイに備えて、第2戦術航空軍（TAF）が編成中で、PAFは経験を積んだ戦闘機隊指揮官をひとりでも多く必要としていたのだった。
　他方、1944年2月20日、ガブシェヴィッチュ大佐はタデウッシュ・ロルスキ大佐の後任として英空軍第18（ポーランド）戦区の司令官となった。Dデイまでには、この戦区は3個航空団で構成されていた。すなわち、スピットファイア装備の第131（もと第1ポーランド）と第135（英国、ベルギー、ニュージーランド各飛行隊）、およびマスタングで装備された第133（第2ポーランド）の各航

第133（ポーランド）航空団司令として、スタニスワフ・スカルスキは1944年中はあらかたマスタングIII FZ152/SSを使用した。Dデイの直後で、インヴェジョン・ストライプが完全な状態にある。(Cynk)

空団である。こうして、大陸侵攻当初の数週間、ガブシェヴィッチュは1939年9月の開戦時に彼が属していた追撃機旅団の2倍もの規模の連合国空軍部隊を指揮することになる。

　スカルスキは昇進して第131航空団の司令となり、「ロッホ」・コヴァルスキは第133の指揮を任されたが、1944年早くにふたりの職はたがいに入れ替わった。第133に英国人部隊である第129飛行隊が加わることが決まったのだが、コヴァルスキには英国人部隊を指揮した経験がなかったためである。新しい航空団の指揮を執るにあたり、スカルスキはただちに職権を行使して、ムルマンスク戦線の古強者である第129飛行隊長「ワグ」・ハウ少佐に、制服の胸からレーニン勲章を取り外すよう説得した。このベテラン・エースと、彼の新しいポーランド人戦友とのあいだに、いささかでも不愉快な感情が生まれることを避けるためだった。ほかの飛行隊長たちとスカルスキのあいだには、こうした問題は起こらなかった。第315飛行隊の隊長は「ジュベック」・ホルバチェフスキ、第306の隊長はデンブリンでのスカルスキの級友、スタニスワフ・ワプカだったからだ。スカルスキの実戦勤務期間が7月に終了したとき、そのあとを継いだのも、デンブリンでのもうひとりの友人（そしてエース）、「ヨーハン」・ズムバッホだった。

1944年6月12日、バルギエウォフスキ軍曹のマスタングⅢ FB145/PK-Fのガンカメラが撮影したフィルムからのコマ取り。この日カン南方で彼が撃墜した2機のFw190のうち1機の最期を示している。
(Bargiefowski)

ヤヌッシュ・レヴコヴィッチュ大尉とマスタングⅠ（AG648）。1942年、彼はこの機でノルウェーへの「不法な」長距離飛行に成功し、のちに多くのエースがスカンジナビアの空で戦う道を拓いた。
(Gronostaj)

1944年7月30日、ノルウェーへの出撃からブレンゼットに帰還した第315飛行隊の操縦士たち。このうち5人が計7機のドイツ戦闘機を撃墜した。左からシヴィストゥンニ少尉、ホルバチェフスキ少佐、ノヴォシェルスキ中尉、ツフィナル大尉、ヤンコフスキ曹長、ベントコフスキ曹長。ホルバチェフスキの救命ベストが他の隊員のような英空軍仕様のものでなく、かさばらない米軍仕様であることに注意。それを彼は1944年4月にデブデンで催された第8航空軍第4戦闘航空群のパーティで「獲得」したらしい。当時、第4戦闘航空群にはポーランド人の僚友ソバンニスキ少佐がいた。(Bargiefowski)

第306飛行隊は1944年、23機を撃墜し、ポーランド部隊中第2位の戦果を収めることになる。1944年6月、この部隊の操縦士3人がエースとなった。そのひと月前に最初の勝利を得たばかりのポトツキ大尉が6月23日に5機目と6機目を撃墜、スポルニ大尉（1941年9月に第302で最初の勝利）は6月23日、ソウォグップ大尉（同じく1941年9月に第306で最初の勝利）は6月24日に、それぞれ5機目を撃墜したのである。

　1944年、PAFの撃墜数番付表の先頭を、かなりの差をつけて走っていたのはホルバチェフスキの第315飛行隊で、はずみがついたのはマスタングIIIで5月25日、アラドAr 96を2機落としてからだった。翌月にはさらに13機のドイツ戦闘機が撃墜された。

　1944年6月にはまた、「ジュベック」が部下をどれほど大切にしたかを証明する事件もあった。22日、タモヴィッチュ軍曹は前線へ出撃中、両軍の中間地帯に不時着した。ホルバチェフスキ隊長は身の安全を無視し、ただちに自分のマスタングを未完成の飛行場に着陸させ、不時着機から負傷したタモヴィッチュを救出して、自機に乗せて基地に戻った。第133航空団の記録はこのエピソードを1行で要約している――「ホルバチェフスキ少佐がタモヴィッチュ軍曹を連れ帰った。軍曹は裸で、かなり疲労しているが、なおも応役可能」

　7月、第133航空団は対「ダイヴァー」（V1号）作戦に振り向けられ、攻勢パトロールは終わる。だが以後も「ジュベック」・ホルバチェフスキは、たまさかの出撃を通じて隊員たちに撃墜の機会を提供した。目標はノルマンディー、または……ノルウェー。

　ノルウェーが、英国南東部に基地をおく部隊の目標となったわけは説明の必要がある。さかのぼって1942年、第309飛行隊でマスタングIに乗っていた操縦士、レヴコヴィッチュ大尉（ちなみに、撃墜数はゼロに終わった）は、この飛行機でならノルウェーまで飛んで、相当な燃料を余して帰還できると計算した。大尉は飛行機の設計で学位を得た人物で、計算は綿密なものだったが、彼のこの発見についての報告書は官僚機構に阻まれてしまった。そこで1942年9月27日、大尉は「気象試験」の名目で飛び立ち、北海を横断する航路をとった。スタバンゲル近くで運よく見つかった目標を攻撃したあと、彼は無事に帰還した。無許可で戦闘を行ったかどで大尉は懲戒処分を受けたものの、これが英空軍にマスタングによる北海横断作戦を開始させるきっかけとなった。

乗機FB166のエンジン始動を前に、「ジュベック」・ホルバチェフスキ少佐が整備点検リストにサインしようとしている。付け根に近いフラップ前縁に見える黄色と黒の横縞はフラップ開度を示すもの。第315飛行隊員たちは低速時の運動性を高めるため、フラップを10度下げるやり方を開発した。(Bargiełowski)

1944年夏、フランス・ヴァンドヴィル飛行場に翼を休める第302飛行隊のスピットファイア。ML124/WX-Eはクルール少尉、グニッシ大尉を含む数人のエースの乗機となり、MJ783/WX-Fは第131航空団司令ガブシェヴィッチュ大佐がときおり使用したらしい。ML358/WX-Hは同じくガブシェヴィッチュと、ほかにエースのソウォグップ大尉も使用した。スピットファイアIXを装備し、多くの優れたエースがいたのに、第302飛行隊は1944年を通して主に地上攻撃任務に駆り出され、1機のスコアもあげることができなかった。(Cynk)

　そして1944年、7月30日、第315飛行隊はノルウェーに向けてこの種の作戦飛行を実施し、その際、ツフィナル大尉はエースとなった。彼は回想する。
「ウォッシュ湾に近づいたころ、西方から雨を伴った温暖前線が接近してきて、天候が悪化しはじめた。まもなく、カナダ軍のボーファイターが密集隊形で、レーダーに探知されぬよう超低空を飛んでいるのを発見した。天候は急速に悪化し、我々は波頭すれすれにコースを保って飛ぶカナダ人たちと緊密な編隊を組んだ。
「緊張の2時間が過ぎたあと、突然、カーテンをくぐったか、あるいは絶壁を越えたような変化が訪れた。前線の東端を通り抜けたのだ。戦術的に有利なことに、太陽は我々の背後にあり、そして前方にはノルウェー海岸の美しいパノラマが広がっていた。
「二、三分のうちに、ホルバチェフスキの僚機のひとりは、ドイツ戦闘機がフィヨルドの入り口から現れて、ボーファイターのほうに向かってゆくのを視認した。4機ずつふた組みのBf109で、カナダ人たちを攻撃する位置につこうと、無頓着といっていいほど、ゆっくりと左に旋回していた。翼下の増加タンクを捨てて、我々は攻撃した。ホルバチェフスキがまず内側のグループを攻撃し、私は外側の編隊にかかった。
「急降下、ついで左へ上昇旋回して、私は編隊のリーダーに挑んだ。メッサーシュミットの両翼が空気を切り裂いて雲の糸を曳くのを見て、手強い敵とわかった。相手は急旋回したので、こちらも！　胴体内燃料タンクはまだ一杯に入

1944年7月半ば、戦区システムを廃止した英空軍の組織変えに従って、ガブシェヴィッチュ大佐は第131航空団(以前の第131航空団と第131飛行場とが合体)の指揮官となった。写真は1944年11月、たぶん解放後のベルギーの飛行場におけるガブシェヴィッチュのスピットファイアIX、NH214/SZ-G「CITY OF WARSAW」。当時、英空軍の高位の操縦士は自分の頭文字を乗機に書くのが普通だったが、ガブシェヴィッチュは自分が1941年から42年にかけ第316「ワルシャワ市」飛行隊で使っていたのと同じ、SZ-Gを選んだ。コクピット直後の部隊章と、風防の前方に書かれた飛行隊名に注意。1944年当時、第316飛行隊は部隊識別記号に依然SZを使っていたが、すでにマスタングIIIに機種改修しており、第131航空団の作戦出動でこのスピットファイアの所属が誤解される心配はなかった。まして、コクピットの下には大佐を示す三角章がはっきり描かれていた。ボクシングをする犬の絵はガブシェヴィッチュのスピットファイア数機に見られる。(Cynk)

大英帝国防空軍（Air Defence of Great Britain）の所属ながら、第316飛行隊には地上攻撃任務も課されたが、同部隊のマスタングⅢの翼下に吊られた爆弾は、そのことを如実に示している。タイヤに腰掛けているのはアレクサンデル・ピェットシャック准尉（当時第315飛行隊のヘンリック・ピェットシャック大尉と混同しないこと）。ピェットシャックは部隊の対V1号エースのひとりで、撃墜4、協同撃墜1のスコアをあげた。彼はドイツ戦闘機撃墜3、協同撃墜1、撃破2（Me262 1機を含む）も記録している。このマスタングⅢはたぶんタデウッシュ・シマンニスキ准尉のもので、彼の最終スコアはFw190撃墜2、撃破1、プラスV1号撃墜8に達することになる。

1945年1月1日朝、ドイツ空軍の奇襲（ボーデンプラッテ作戦）を受けたあとのヘント飛行場。残骸の向こうのスピットファイアはガブシェヴィッチのMk IX、NH214/SZ-G。（Sembrat）

っていて、この状態ではマスタングの安定性は良くないため、思い通りの空中動作をする余地はあまりなく、私は安定したスムーズな旋回を続けなくてはならなかった。いざという時のため、エンジンを数百回転余して、私は辛抱づよく耐えた。360度旋回を1回かそこらで、戦いは膠着状態になってしまった。そこでフラップを10度下げると、敵に追いつきはじめた。敵の背後に食いつけると確信できたとき、みぞおちのあたりのむかつきは治まった。『滑らかに旋回しろ、予備出力のスロットルを使え』。照準器の光る環の中に敵機を捕らえた。敵の飛行方向にまっすぐ機首を向ける。環をひとつ……ふたつ……3つ分の見越し角をとって、発射ボタンを押す。一瞬、何も起こらない。ついで弾着が見える。はじめは尾部に、それから胴体、風防、主翼に……」

この戦闘で、6機のマスタングは8機のドイツ戦闘機を撃墜した。ノルウェー

海岸への出撃はその後も、12月7日にバルギエウォフスキ曹長が自身の5機目のスコアをあげるなどして、1945年まで続けられた。

第315飛行隊の次の記念すべき戦闘は、英空軍部隊が1回の出撃であげた戦果としては最大を記録するという結果をもたらした。1944年8月18日の朝の出撃で、部隊識別文字PKを描いた12機のマスタングIIIは、ボーヴェイ付近で60機のFw190の編隊が集結しつつあるのに遭遇した。続いて起こった乱戦で、3機のドイツ機がホルバチェフスキ少佐――悲しいことに、彼はこの戦闘から帰還しなかった――とシヴェック曹長(これが戦争全期を通じて彼の唯一の戦果となった)に撃墜された。エースであるヘンリック・ピエットシャック大尉は2機を撃墜、1機を協同撃墜し、またバルギエウォフスキ曹長は2機を撃墜、2機を撃破した。最終的に、戦果は合計16機にのぼったが、これには誇大報告はゼロか、もしくはきわめて少ないと思われる。なぜなら、この日の連合軍の総合戦果35機は、ドイツ第II戦闘機軍団が認めた全損失32機に、ほとんど一致していたからである。第315飛行隊の相手は第26戦闘航空団第II飛行隊と、たぶん第2戦闘航空団の第Iか第III飛行隊のどちらかだった。ボーヴェイの空戦で第26戦闘航空団は8機を撃墜され、1機に28パーセントの損害を受け、7名の操縦士が戦死し、1名が重傷を負った。第2戦闘航空団は11機を失い、第III飛行隊は損害のあまりの大きさに、ただちにドイツ帰還を命じられた。

V1号狩り
"Doodlebug" Hunting

ドイツ空軍相手の戦いよりは魅力に乏しいとはいえ、V1号飛行爆弾を追いかけることは、それに劣らぬ重要な任務だった。ポーランド人操縦士による「V1号(ダイヴァー)」撃墜の最初の2基は1944年6月16日、英空軍第3飛行隊のドマンニスキ軍曹が、テンペストV型で記録した。やがて、マスタングIIIを装備した3個のポーランド部隊すべてがこの任務を遂行していた。なかでも第316飛行隊が(大英帝国防空軍の一部として)、64基を撃墜、22基を協同撃墜して、PAFでもっとも成功した対V1号部隊となった。この数字は、公式には74基プラス5/12と計算された。第306飛行隊は43基撃墜、36基協同撃墜(同じく59プラス7/12)、第315飛行隊は36基撃墜、40基協同撃墜(54プラス1/2)だった。第133航空団の本部小隊でも、ノヴィエルスキ大佐が1基を落としていた。

V1号をもっとも数多く獲物とした日は7月20日で、ポーランド部隊は「ブンブン爆弾」20基を落とした。15日前には第306飛行隊が7基を落としていた。部隊としての戦果は第316が勝ったが、PAFでV1号撃墜数上位3人はすべて第306から出た。ルドフスキ曹長、シエキエルスキ大尉はどちらも7基撃墜、3基協同撃墜を認められ(公式計算では8プラス1/2と8プラス1/6)、ユゼフ・ザレンニスキ曹長は5基撃墜、6基を協同撃墜した(公式には8)。第316のシマンニス

元日の朝の戦いで、初めての(そして最後の)撃墜を記録した若いポーランド人操縦士のひとり、タデウシュ・シュレンキェル中尉が、自分が落としたFw190の残骸のかたわらに立つ。(Bochniak)

ルットコフスキ中佐(左)と、捕虜収容所から解放されたばかりのウォクチエフスキ大尉。ふたりともエースである。ルットコフスキは第306、第317飛行隊で撃墜5、不確実撃墜1、撃破1のスコアをあげ、戦争も終わりに近づいたころ第133航空団司令として、マスタングIIIを駆って協同撃墜1、不確実撃墜1を加えた。「トロ」ウォクチエフスキはフランスの戦いで撃墜1、英本土航空戦で撃墜4、1941年夏にさらに撃墜3(7機ともすべて第303飛行隊で)を記録したが、1942年3月13日に撃墜され、ドイツ軍に捕らえられた。1945年、彼は第303飛行隊の最後の隊長となり、全ポーランド飛行隊中、もっとも有名な部隊を解隊するという、つらい任務を負った。(Bargiefowski)

とうてい鮮明とはいえないが、この写真は第303飛行隊の無塗装のマスタングIVAと迷彩塗装のマスタングIVが一緒の編隊で飛んでいる、知られている限り唯一のものである。同部隊の有名な識別記号RFは、1945年8月にPDに変更された。

キ准尉は8基の「ダイヴァー」を落とし、第315のヤンコフスキ曹長は撃墜4基に協同撃墜4基（公式には計6）で、両人ともその部隊でV1号のトップ・スコアラーとなった。ザレンニスキ曹長を除き、上記の操縦士たちはみな通常型機をも撃墜していたが、エースはいない。通常型飛行機とV1号と、両方を相手にエースとなったのは3人だけで、いずれも第315に所属していた。ホルバチェフスキ少佐、ヘンリック・ピエットシャック大尉、それにツフィナル大尉である。

第316飛行隊はおもに対V1号作戦に従事していたが、ときどきは大陸へも出撃した。V1号による攻撃が止むと、こちらの出撃が激化し、1944年10月18日の正午、北海上空で6機のマスタングが同数のBf109と遭遇、全機を撃墜した。この戦いで勝利を得たひとりは第133航空団司令でエースのルットコフスキ中佐で、協同で1機を撃墜した。ふたりの対V1号エース、ステファン・カルンコフスキ大尉とアレクサンデル・ピエットシャック准尉もスコアをあげた。さらに2機のBf109がヤヌッシュ・ヴァラフスキ大尉に撃墜されたが、大尉は4機撃墜、3機撃破で、惜しくもエースになり損ねてしまった。

第131航空団は航続距離の短いスピットファイアを装備していたため、やがて最初に（そして唯一）大陸に基地を置いたポーランド部隊となり、地上作戦支援を任務とした結果、敵機と交戦する機会はほとんどもてなかった。

戦争もこの段階になると、PAFの戦闘機操縦士は1943年ないし44年から実戦で飛びはじめた者が多くなっていた。このころのドイツ空軍は、以前にくらべたら抜け殻だった。若い操縦士たちは、彼らより少しばかり年長の戦友たちが「英本土航空戦」で連日、何ダースもの敵戦闘機や爆撃機を相手に繰り広げた空戦を、ただ羨むしかなかった。ベテランたちの何人かは、今や彼らの指揮官になっていた。たとえば、エースでもあるガブシェヴィッチュ大佐で、フランスからベルギーに進撃する第131航空団の司令を務めた。彼はドイツのアールホルンで終戦を迎え、1945年半ばに「英本土航空戦」のエース、ヴィトージェンニッチ大佐に任務を引き継いだ。この航空団の各飛行隊長も、クルール少佐、グニッシ少佐、プニャック少佐のように、1939年からスコアをあげはじめた著名な操縦士がたびたび務めていた。

すべてのポーランド人エースのなかで、ヤクッブ・バルギエウォフスキはスコアをあげ始めたのが一番遅かった。1939年にソ連の捕虜となり、スターリンの強制収容所で恐怖に苦しみ、1941年半ば、ドイツ軍のソ連侵攻により釈放された。そのあと英国に渡り、転換訓練を経て第315飛行隊に配属となった。そして同部隊で全スコア5機を1944年にあげた。翌年第303飛行隊に転属、そこで解隊の日を迎えた。(Bargiefowski)

第309飛行隊のマスタングⅢ WC-Wの、胴体白帯下に隠れたシリアルはFB385だったと思われ、とすれば1945年4月9日、ムルコフスキ准尉がMe262ジェット戦闘機1機を撃墜し、もう1機を撃破した際の乗機である。この空戦は第二次大戦で英軍内のポーランド飛行隊が戦果を収めた最後の戦いだった。しかし、ソ連に監督された「人民ポーランド空軍」は5月までドイツ空軍と戦いを続けることになる。(Fleischer)

ヨーロッパでの戦争終了直後、乗機マスタングⅢのコクピットに納まったアントニ・ムルコフスキ准尉。スコアボードの左は第309飛行隊の隊章。ズムバッホ中佐の流儀に倣って、縁取りの色を変えた黒十字は撃墜3、不確実撃墜1、撃破1を、4個のカギ十字はV1号撃墜を示す。(Cynk)

　1945年の元日の朝、第317飛行隊長マリヤン・ヘウメツキ少佐が若い部下たちを率いて爆撃任務に出動したとき、少佐は、自分が第17飛行隊でハリケーンに乗っていた1940年当時のあの慌ただしい日々を、数時間後に再び体験しようとは知るよしもなかった。任務から帰ってみると、ふたつの飛行隊（もうひとつは第308飛行隊）は、ベルギーのヘント=サンドニ・ウェストレムの自分たちの基地を、ドイツ軍のヤーボ（Jabo＝戦闘爆撃機）が爆撃し、また機銃掃射しているのを発見した。それから20分のあいだに、18機のPAF戦闘機は18機のFw190を撃墜、1機を協同撃墜し、味方は2機を失った。PAFにとり最後の真の空戦となったこの戦いに、エースはひとりも参加していなかったが、若い操縦士たちは、自分らが先輩たちと同様に有能なことを証明する機会を得たのだった。

　PAF戦闘機部隊は終戦の日まで戦いを続けた。エースによる最後の撃墜は1945年2月21日、ブロック大尉が記録した。3月と4月にはドイツ軍ジェット機との遭遇も起き、何機かのMe262が撃墜された。マスタングⅣに機種改変して間もない第303飛行隊を含むポーランド戦闘機隊が、ヒットラーの山荘ベルヒテスガーデン爆撃に向かうランカスター255機を護衛した4月25日は、もっとも収穫の多い日となった。しかし、他者が想像するほど彼らは手放しで喜んではいなかった。何故なら、ポーランド人たちはこのときすでに、他のすべての連合国亡命空軍とは違い、自分たちが武器を携えて祖国に戻ることはあるまいと知っていた。事実、彼らの大部分は二度と再び帰国しないことになる。

　1945年初めに発表されたヤルタ協定は、ポーランド人すべてに恐ろしい打撃を与えた。スターリンとのあいだに、ある程度の取引が必要だったことは確かながら、西側の政治家たちがポーランドを事実上、彼の好き勝手にさせよ

ディズニー漫画にあやかった犬のボクサーは、第131航空団司令当時のガブシェヴィッチュの最後の乗機となったスピットファイアⅩⅥ TD240/SZ-Gに描かれたもの。同じモチーフは米陸軍航空隊第56戦闘航空群第62戦闘飛行隊をはじめ、いくつかの米軍部隊の隊章に現れている。(Cynk)

第131航空団司令タデウッシュ・サヴィッチュ中佐は長年の友人アレクサンデル・ガブシェヴィッチュの例にならい、第316飛行隊時代の思い出の識別記号を乗機スピットファイアに書かせた。最後の乗機、Mk ⅩⅥ TD238/SZ-Kはのちに後任司令クルール中佐の乗機となったが、クルールは記号を自分の頭文字、WK-Lに変えた。(Zimny)

ドイツ・アールホルン基地に駐留中、ポーランド操縦士たちは敗れたドイツ空軍が遺棄した最新型機の残骸を見て回る時間がたっぷりあった。ヴィトージェンニッチ大佐(1945年後期に第131航空団司令)のうしろはMe262A-2a Wk-Nr 170070で、レヒリン実験隊のマーク(E7＋02)と、第51爆撃航空団(KG51)のマーク(白の12)の両方が書かれている。

第318飛行隊は公式には戦闘偵察部隊ながら、イタリアで戦術偵察任務に専念させられた結果、空中撃墜は1機も果たせなかった。戦闘機部隊としての成果はなかったものの、PAF部隊でただひとつ、Bf109をもっているのが自慢だった。1945年、もとクロアチア軍用の完全な「グスタフ」を、ウィスキー1本で米兵から手に入れたもので、やがてそのコストをはるかに上回る楽しみを、このBf109Gはポーランド人操縦士たちに与えた。部隊識別記号、英空軍の蛇の目と垂直尾翼の三色標識が描かれ、機首にはPAFの四角章が見える。1946年3月、イタリア・トレヴィーゾで。(Thomas via Mucha)
[グスタフ=Gustav。本来はドイツ空軍機のG型を示す愛称だが、ここではBf109Gのこと]

PAFの操縦士たちはみな等しく、ワルシャワへの栄光の帰還を夢見て戦ったのに、対独戦終了後、誰ひとり、その地に乗機で着陸する機会を与えられた者はなかった。1945年、ワルシャワで開かれた英空軍エキジビションのため、PAFのスピットファイアⅩⅥが3機(写真の第302飛行隊所属TB292/QH-Zを含む。10月、ワルシャワ=オケンチェで撮影)送られたときも、英空軍操縦士が空輸しなくてはならなかった。現役ポーランド空軍将兵は、共産主義者の支配するポーランドの大地に足を踏み入れることを許されなかったのだ。(Stachyra)

77

うとは、誰も想像もしなかったからである。5年にわたる多大の犠牲は一体、何のためだったか、占領者たるナチスどもが共産主義者に交代するだけではないか、とみな思った。その後、T・E・ジョンソン大尉は、英国外務省からすべてのポーランド部隊に送られた手紙を、PAFのスピットファイア部隊の隊員が受領する場に立ち会った。

「その手紙は事実上、『我々の勝利に手を貸してくれて有難う。残念だが、君が英国に来ることはできない。ただちに君の任務を解く』と言っていた。私が『政治』というもののまったくの非人間性に打ちのめされ、二度と味わいたくない苦痛を覚えたのは、一生のうちでこの時だけだった。23歳の私がどう感じたか、想像できるだろうか？　私は兄弟の横に立って腕を組み、自分の国の政府を呪った！」

ポーランド人老兵たちは、別の英国人将校の言った言葉を記憶している。「かくも多数の人々が、かくもわずかな見返りのために、かくも少数の人間に裏切られたことは未だかつてない」と。

chapter 9 英雄たちに何が起きたか？
whatever happened to the heroes?

　この章では、PAFでの公式スコア順にポーランド人エース上位5人の伝記を掲げる。

■ スカルスキ──血と汗と涙
── Skalski-brood, sweat and tears ──

「スカルスキ少佐は戦闘機操縦士として、かつ指揮官として傑出していた。つねにきわめて細心で、派手なこと、無茶なことは決してしなかったが、戦闘では積極的だった。空中で何が起きつつあるかを知る方法を、私は彼に教わった。彼はいつでも、我々の周りがどんな状況かわかっていたようで、非常に優れた眼を持っていたに違いない」──第601「カウンティ・オブ・ロンドン」飛行隊で彼の部下だった操縦士のひとり、W・M・マジソンは、スタニスワフ・スカルスキのことをこう記憶している。

　スカルスキは1915年コドイーマに生まれ、1936年デンブリンに入学。1938年8月に任官し、トルンニの第142飛行隊に配属された。1939年の戦いでは4機プラス協同1機のスコアをあげ、ただひとりのエースとなった。ルーマニアと地中海を通って脱出、フランスに到着したが、1940年初めに志願して英国へ渡った。「英本土航空戦」中は第501飛行隊に勤務し、その後第306飛行隊に転属、ついで第317飛行隊長となった。PFTのリーダーにも指名され、その後第601飛行隊長を務めて英国に帰還、Dデイ前には第133航空団の指揮を任

1942年、第317飛行隊長のときのスカルスキ少佐。(Wandzilak)

された。1944年9月に実戦勤務期間を終え、アメリカの指揮幕僚学校に配属となった。

対独戦終了後、スカルスキは英空軍から高い地位を提示されたが、ポーランドがすでにソ連の支配下に入っていたにもかかわらず、祖国に帰ることを選んだ。まず初めは、共産党員が支配するポーランド空軍に勤務した。

だが「冷戦」が最高潮に達したとき、スカルスキは逮捕され、「アメリカとイギリスの帝国主義者」のためにスパイを働いたとして告発された。同じことが、西側から帰国した戦中のPAF操縦士の多くの身にも起こった。その後スカルスキは、残酷さではゲシュタポやNKVD［ソ連内務人民委員部］のそれに匹敵するほどの、恐るべき「査問」を受けた。この非人道的な扱いからは幸い生き残ったものの、最低に馬鹿げた告発のあと、彼は死刑を宣告された。結局、共産主義者たちは「慈悲をもって」終身刑に判決を変更する。1953年にスターリンが死ぬと、ポーランドでも事態はゆっくりと変わりはじめ、1956年、スカルスキは8年の獄中生活ののち釈放された。

彼はただちにポーランド空軍から仕事を提示され、若干ためらいはしたが、これを受諾した。やがてミグ・ジェット戦闘機や他の型で飛ぶ機会も得て、1970年代までPAFの高級将校（結局、准将まで昇進した）の職にあった。その後、ポーランド飛行クラブの会長をつとめ、現在はワルシャワに居住している。

ウルバノヴィッチュ――紳士的英雄
――Urbanowicz-gentleman hero――

「私は、当時向こうが少佐で、こちらが少尉だったわりには、ウルバノヴィッチュ少佐のことをよく知っていた。彼は人間として、また優れた戦闘機操縦士として、飛行隊員からきわめて高く評価されていた。私はそのころまだ数回しか実戦経験がなく、一度の空戦で起こったことについて、我々が見たものにくらべ、彼がどれほど多くのことを報告できるかを見て驚嘆したものだ。のちには私も戦闘を重ねてベテランとなり、ずっと多くのことを見て報告できるようになったが、彼の能力のレベルには到達できなかった。毎晩、彼の『英本土航空戦』での空戦談を聞くのが、我々の楽しみだった」――これを書いたのは、中国でアメリカ陸軍航空隊第23戦闘航空群第75戦闘飛行隊にいたエース、ドナルド・S・ロペスで、現在はワシントンの国立航空宇宙博物館で館長代理を務めている。

ヴィトルッド・ウルバノヴィッチュは1908年、北東ポーランドで生まれた。1930年にデンブリンのポーランド空軍航空士官候補生学校に入校、1932年

スカルスキと旧大戦中のPAF操縦士たち。1957年、MiG-15UTIでのジェット訓練中の撮影で、左からウォクチェフスキ、スカルスキ、クルール、イグナツィー・オルシェフスキ（後部座席に座る）。オルシェフスキは第302飛行隊長を経て、終戦時には第308飛行隊長を務めていた。(Olszewski)

第二次大戦終戦時のウルバノヴィッチュ中佐。軍服右胸ポケットの中国軍操縦士翼章に注意。(Koniarek)

ホルバチェフスキはそのスコアの大部分を、さまざまなタイプのスピットファイアであげた。これは第303飛行隊のスピットファイアMk Vの座席に座ったホルバチェフスキ少尉。(IV LO Zielona Góra)

に観測兵少尉として任官し、第1飛行連隊夜間爆撃中隊に配属された。その後、彼は飛行訓練を志願して、1933年に卒業。第111および第113飛行隊で勤務したあと、デンブリンで教官となり、開戦の日を迎える。1939年には第14期クラスの生徒監で、自分の士官候補生全員をお守りしてルーマニアへ脱出、ついで海路マルセイユにたどり着いた。

それから英国での訓練を志願し、1940年8月、まず第601飛行隊へ、ついで第145飛行隊に配属となった。結局、ウルバノヴィッチュは第303飛行隊に加わり、9月7日にクラスノデンブスキ少佐が重い火傷を負ったあと、部隊の指揮を任された。「英本土航空戦」で、15機のスコアを持つ彼の戦功は、ポーランド人操縦士のなかでは飛び抜けていた（同じ時期、他のポーランド人操縦士で8機以上のスコアをあげたものはなかった）。おまけに当時、彼は32歳という、いいトシだった。

1941年、ウルバノヴィッチュはノーソルト航空団を組織し、やがてしばらくのあいだ、その指揮官を務めた。英空軍での実戦勤務期間を終え、航空団の指揮をピョットル・ワグーナ中佐に引き継ぐと、ウルバノヴィッチュはその年6月にアメリカに渡った。アメリカで彼はPAFの宣伝ツアーを始め、ヨーロッパの戦いでの戦闘機戦術について講演して回った。それが終わったあと、ウルバノヴィッチュはポーランド大使館付空軍武官補佐官に任命されたが、外交の仕事にはすぐ退屈してしまい、中国での軍務に志願して、その地で数カ月を過ごした。1944年、彼は再びワシントンに戻り、ポーランド大使館付空軍武官となった。彼の戦友の多くと異なり、ウルバノヴィッチュは戦争が終わっても英空軍から公式には任務を解かれず、かわりに1945年7月以降、永久休暇の扱いとなったのだった。

その年、彼はポーランドへ帰国した。おりしも共産主義者たちは、世界に向けてポーランドの「正常化」を証明するため、戦中の英雄たちを母国に呼び戻そうと躍起になっていた。到着したウルバノヴィッチュは誤って逮捕され、獄中で1日を過ごしたあと釈放された。それでもこの経験は、ポーランドに定住する気持ちを萎えさせるに十分で、ウルバノヴィッチュはアメリカに移住し、航空宇宙産業で職を得た。

共産主義崩壊後、彼は何度かポーランドに帰国し、1995年には大将の位を贈られた。翌年5月、ウルバノヴィッチュは戦前に彼が所属していたワルシャワ

1941年、閲兵式(たぶんノーソルトで)に並んだ第303飛行隊の未来のエース3人。左から「ガンジー」・ドロビンニスキ、グワディッホ、ホルバチェフスキの各少尉。全員、もとデンブリン空軍航空士官候補生学校の13期生だった。

の「第1飛行連隊」の創設75周年記念式典のため、戦闘航空第1連隊「ワルシャワ」を訪れた。心温まるこの式典のなかで、老エースは若い戦闘機操縦士たちに祝福を送った。亡命50年ののち、ついに「帰郷」がかなったのだった。アメリカに戻って数週間後、ヴィトルッド・ウルバノヴィッチュは世を去った。

ホルバチェフスキ──永遠の青年
──Horbaczewski-Young Forever──

「届く手紙の束のなかに、ときには非番の日にパブでの会話のなかで、知人、友人の死の知らせがある……『ホービー』はポーランド飛行隊を率いて、フランスで死んだ。彼のマスタング隊は数で圧倒された。もし私が死なねばならぬとしたら、彼と一緒に死ねたら良かった」──J・ノービー・キング『ニュージーランドの青二才対ドイツの荒鷲』

エウゲニウッシュ・ホルバチェフスキは1917年、キエフで生まれた。生涯を通じて「ジュベック」(ポーランドの俗語で「かわいい人」とか「子供」の意)がニックネームだった。1938年、デンブリン空軍航空士官候補生学校に入校、13期生として1939年9月1日に任官した。

フランスに着いたホルバチェフスキは、ボルドーでポーランド飛行隊に加わって飛んでいたらしい。1940年6月、再び脱出して英国に渡り、第303飛行隊に配属された。つねに戦意旺盛なホルバチェフスキは扱いにくい部下で、1942年9月、スピットファイア1機の全損に至る一連の小事故を起こしたあと、ズムバッホ少佐は彼を第302飛行隊に追い出してしまった。「ジュベック」がズムバッホのスコアを抜いてやると誓ったのは、そのときのことと思われる。

それからホルバチェフスキはPFTに加わり、地中海で6カ月間に8機のスコアをあげて、中尉から英空軍第43飛行隊長(少佐)に昇進した。

「『ホービー』は我々を引き継いで、ひとつにまとめ上げた。彼は我々に空での新たな自信と、新たな編隊形、それに新たな気力を与えてくれた」──J・N・キング

英国に戻ったホルバチェフスキは、スカルスキ率いる第133航空団のうちの第315飛行隊長となった。皮肉なことに1944年半ば、「ジュベック」はまたもや

厳しい顔のグワディッホ大尉(左)と、笑みを浮かべたPAF監察官マテウシュ・イジツキ大佐。1943年後期の撮影。イジツキ大佐のPFT十字章(左胸ポケットの上)はこの年前半、「スカルスキのサーカス」の活動時期に在中東英空軍でPAFの連絡将校を務めた関係で得たもの。グワディッホのスカーフには7個の撃墜マークが入り、また白縁のない黒十字3個は不確実撃墜2、撃破1を表している。(Kopański)

ヤン・ズムバッホ少佐とその乗機スピットファイアVB EP594/RF-D。1942年8月19日の「ジュビリー作戦」（ディエップ上陸）で彼は撃墜1、協同撃墜1、不確実撃墜1の戦果をあげたが、写真はそのあとの撮影である。裏表紙にある、1942年5月に撮影されたカラー写真（BM144）と、スコアボードや「ドナルド・ダック」の違いを比較してほしい。(Chofoniewski)

ズムバッホの配下になってしまった。航空団司令が、スカルスキからズムバッホに交代したのだ。さらなる皮肉は、この交代の直後に、ホルバチェフスキがついに誓いを果たしたことだった。

「ジュベック」は1944年8月18日に戦死したが、彼の部隊はこの日の空戦で16機のFw190を撃墜し、彼自身も死の前に3機を落としていた。この日、彼は体調が悪く、ドイツ戦闘機と遭遇したら生きて帰れないだろうと知っていた、と主張する証言者が何人かいる。

第43飛行隊の操縦士、T・E・ジョンソンは、ホルバチェフスキが部下たちに言った言葉を覚えている。「我々がここで用済みになったあとは、君らが来て、私の国のために戦って欲しい──私の国は自由を得られないかも知れない」。彼が戦死したとき、ソ連はすでにポーランドの戦前の領土の広大な地域を支配下に収め、ポーランド人愛国者たちを処刑したり、シベリア送りにしつつあった。にもかかわらず、スターリンは依然として西側との友好関係を満喫していた。ホルバチェフスキには、祖国が自由を獲得できそうもないことが見えていた。彼は戦後に悲劇的なジレンマに直面するよりは、死を選んだのだろうか？

■ グワディッホ──手に負えぬ子供
── Gładych-enfant terrible ──

1918年にワルシャワで生まれたボレスワフ・グワディッホは、少年期、いくつもの学校から放校処分を受け、結局、軍人の道を選んで1938年、デンブリンに入校した。1939年9月1日に任官したが、ポーランド戦に加わる機会は得られず、結局フランスでGC I/145「ワルシャワ」に落ち着いた。

1940年6月に英国へ脱出、1941年4月に第303飛行隊に加わった。6月23日、グワディッホは一日で3機を撃墜したものの、重傷を負い、長期にわたって飛行不適を申し渡された。その後、第302飛行隊に勤務し、1943年末には小隊長となった。

1944年の初めごろから、グワディッホはアメリカの第56戦闘航空群に加わって飛ぶようになり、その忠誠の如何に関してPAF司令部から最後通牒を受け取ったあと、アメリカ人と一緒に飛ぶことを選んだため、PAFから除名された。奇妙なことに、グワディッホはアメリカ陸軍航空隊でダブル・エースだったにも

1943年後半、第302飛行隊「B」小隊長のころ、くだけたポーズでカメラに向かったグワディッホ大尉。PENGIEは彼の個人用スピットファイアIX（MH906）で、識別記号はWX-Mだったと思われる。(Zieliński)

かかわらず、公式にはアメリカ軍に一度も勤務したことはない。実のところ、第56戦闘航空群でのグワディッホの飛行はすべて、傭兵としてではなかったにせよ、「面白半分」でやったことだったのだ。

戦争が終わったあと、グワディッホは英国駐留のアメリカ軍に「非公式に」所属して、非合法活動にも手を出した。その後、アメリカに移住し、一時期、航空宇宙産業で働いた。同時に自分の戦中の手柄について、さかんに手記を書いた。あるものは真実、あるものはウソだったが、どれもつねに興奮に満ちていた。

その後、グワディッホは心理学の学位を取り、現在、ワシントン州シアトルで医師をしている。最近、戦中の体験について聞かれた彼は、驚いたように答えた。

「いまどき、誰が関心をもつものかね？　ずいぶん昔の話だ……」

■ ズムバッホ——冒険者
——Zumbach-The Adventurer——

本書の作業を始める前、チェコ人、カナダ人、ソ連人など、ポーランド部隊で飛んだ外国人エースは取り扱わないことが決まった。だが、ヤン・ズムバッホについては例外を認めなくてはならなかった。ズムバッホは1915年、ワルシャワ生まれだが、父親からスイスの市民権を引き継いだのである。1936年、彼はポーランド人になりすますため、書類をいくつか偽造し、やがてポーランド軍に入隊した。

デンブリンでの士官候補生を経て、ズムバッホは1938年に任官し（スタニスワフ・スカルスキと一緒に）、第111飛行隊に配属された。1939年の戦いには事故で負傷していて参加できなかったが、フランスではECD I/55で戦った。英国に到着したズムバッホは第303飛行隊の創立メンバーのひとりとなり、不確実1機を除き、この部隊ですべてのスコアを記録する。その後、1943/44年には第3ポーランド航空団の、1944/45年には第133航空団の、それぞれ司令を務めた。

戦後、両親が「帝国主義者」だったことを理由に、ポーランドに戻れなかったズムバッホは、スイスの市民権を取り戻した。そして身を固める代わりに密輸業者となって、腕時計（英国へ）から武器や兵士（イスラエルへ）に至る、さまざまな「荷物」を運んだ。1950年代の半ばには、パリでレストランとナイトクラブを開いていたが、1960年代初めには結局、「もとの商売」に戻り、カタンガの独裁者モイーズ・チョンベの頼みで同国空軍を創設した。5年後、「ミスター・ジョン・ブラウン」（傭兵時代のズムバッホが使っていた名）は、ビアフラでまた同様のやっかいな仕事にかかわる。それからヨーロッパに戻り、フランスに落ち着いた。ヤン・ズムバッホは1986年に死去し、ワルシャワに埋葬された。

スイス国民ジャン・ジュムバシュ。1956年、密輸商売をやめ、パリでレストラン経営を始めたころ、チューリヒで撮影。5年後、彼は再び商売替えし、カタンガ空軍の傭兵「ミスター・ジョン・ブラウン」となる。
(via Stachyra)

付録
appendices

PAF人員の階級

　ポーランド空軍(PAF)の階級は陸軍のそれと同一である。空中勤務者は、操縦士は階級名のあとにpilot(省略してpil.)を、航法士(観測士)は階級名のあとにobserwator(省略してobs.)を、それぞれ付け加えて識別した。本書では簡略化のため接尾語のpil.を略したが、実際は戦闘機操縦士の階級名には必ずこれが付く。PAFでは、観測士(航法士)には将校でないとなれなかったが、操縦士には兵卒でもなれた。事実、本書に登場するエースの幾人かは、こうした低い階級のときに最初のスコアをあげている。

　1940年、フランスでのポーランド人飛行士たちはPAFの階級システムをそのまま使っていたが、彼らが英国に到着すると事態は複雑化した。ポーランド人たちは事実上、ポーランドのと英国のと、ふたつの階級をもつことになった。本書ではポーランド軍か英空軍か、どちらかの階級を引用したが(一般に公文書は一方の階級しか使用していない)、この両者が同等のものでないことは銘記されなくてはならない。ポーランド軍のszeregowyからplutonowyまでの操縦士は英空軍のsergeant(軍曹)にまとめられ、ポーランド軍の下士官であるsierzantも同じ扱いとなった。高級軍人でも、ポーランド軍の階級は往々にして同格の英空軍軍人よりも低かった。たとえば、1940年9月にヴィトルッド・ウルバノヴィッチュは第303飛行隊の指揮官となり、少佐に進んだが、PAFでの階級はporucznik(中尉)のままだった。正確に言えばporucznik pilot observator(por.pil.obs.)で、これは彼が両方の分野で将校教育を終えていたためである。

階級	略号	意味	英空軍の相当階級
szeregowy	szer.	兵卒	aircraftsman
starszy szeregowy	st.szer.	上等兵	leading aircraftsman
kapral	kpr.	伍長	senior aircraftsman
plutonowy	plut.	上級伍長	corporal
sierżant	sierz.	軍曹	sergeant
starszy sierżant	st.sierż.	曹長	flight sergeant
chorąży	chor.	准尉	warrant officer
podporucznik	ppor.	少尉	pilot officer
porucznik	por.	中尉	flying officer
kapitan	kpt.	大尉	flight lieutenant
major	mjr.	少佐	squadron leader
podpułkownik	ppłk	中佐	wing commander
pułkownik	płk	大佐	group captain
generał brygady	gen.bryg.	准将	air commodore
generał dywizji	gen.dyw.	少将	air vice marshal
generał broni	gen.broni	陸軍中将	air marshal
(generał lotnictwa)	(gen.lotn.)	(空軍中将)	air marshal
generał armii	gen.armii	陸軍大将	Air Chief Marshal

ポーランド空軍の戦闘機部隊――戦闘序列

1939年8月1日

第1飛行連隊――ワルシャワ
戦闘集団
Ⅲ/1大隊――ワルシャワ=オケンチェ
第111「コシチュッシュコ」飛行隊
第112飛行隊
Ⅳ/1大隊――ワルシャワ=オケンチェ
第113飛行隊
第114飛行隊

第2飛行連隊――クラクフ
Ⅲ/2大隊――クラクフ=ラコヴィッツェ
第121飛行隊
第122飛行隊
第123飛行隊

第3飛行連隊――ボズナンニ
Ⅲ/3大隊――ボズナンニ=ワヴィツァ
第131飛行隊
第132飛行隊

第4飛行連隊――トルンニ
Ⅲ/4大隊――トルンニ
第141飛行隊
第142飛行隊

第5飛行連隊――リーダ(現ベラルーシ領)
Ⅲ/5大隊――ヴィルノ(現リトアニア領・ヴィリニュス)
第151飛行隊
第152飛行隊

第6飛行連隊――ルヴウッフ(現ウクライナ領・リヴォフ)
Ⅲ/6大隊――ルヴウッフ=ポルバネック
第161飛行隊
第162飛行隊

1939年9月1日

防空軍

追撃旅団・ワルシャワ地区

Ⅲ/1大隊――ジェロンカ(ワルシャワの北東5km)
第111「コシチュッシュコ」飛行隊(P.11)
第112飛行隊(P.11)

Ⅳ/1大隊――ポニャトゥッフ(ワルシャワの北11km)
第113飛行隊(P.11)
第114飛行隊(P.11)
第123飛行隊(P.7)

第1航空教育センター防衛隊
(第3飛行連隊からP.11が3機)――デンブリン

地上軍直属航空部隊

クラクフ軍
第121飛行隊(P.11)――バリツェ(クラクフの西12km)
1分隊(4機)がアレクサンドロヴィッチェで待機
第122飛行隊(P.11)――バリツェ

ポズナンニ軍
第131飛行隊(P.11)――ジェッルジニーツァ(ボズナンニの南東16km)
1分隊(3機)がポズナンニで待機
第132飛行隊――ジェッルジニーツァ

ポモジェ軍
第141飛行隊(P.11)――マルコヴォ(トルンニの南西22km)
第142飛行隊(P.11)――マルコヴォ
1分隊(3機)がトルンニで待機

モドリン軍
第152飛行隊(P.11)――シュパンドヴォ(ワルシャワの北西50km)

ウージ軍
第161飛行隊(P.11)――ヴィゼッフ(ウージの東方3km)
第162飛行隊(P.7)――ヴィゼッフ

ナレッフ独立作戦軍団
第151飛行隊(P.7)――ピエル(ワルシャワの北東80km)

ポーランド人戦闘機エース

本書ではエースの定義を、少なくとも5機の敵機を撃墜した操縦士とした。協同撃墜は協同撃墜のままとし、分数にしてから合計することはしなかった。この原則はクリストファ・ショアーズとクライヴ・ウィリアムズの著書『Aces High』(1994)で採用されたものであり、同書は第二次大戦の英空軍(それに事実上、他国空軍をも含めて)の戦闘機エースに関しては、今後いかなる研究が行われるにせよ基本となる文献である。すべての撃墜について真実を検証することは本書の範囲をはるかに超えるため、著者は1946年3月25日付けの報告書、「Polish Fighter Pilots Achievements During the Second World War(1.9.1939-6.5.1945)」[No.FC/S.5/1/AIR/CPLO.INTEL](以下、「報告書」と略記)所載の、ポーランド軍連絡将校から英戦闘機軍団司令部に送られた情報を受け入れた。ごく少ない例だが、「報告書」の数字が修正されているものについては、公式数字を[　]で囲んで示し、あとに説明を加えてある。

操縦士 英空軍認識番号	最終階級	氏名	スコア(個人＋協同) 確認	不確実	撃破
P.2095	中尉	ミェチスワフ・アダメック	5+2	1	0
P.794457	准尉	ヤクブ・バルギエウォフスキ	5	0	3
P.1901	少尉	マリヤン・ベウッツ	7	0	0
P.1681	大尉	スタニスワフ・ブロック	5	1	3
P.1902	大尉	スタニスワフ・ブジェスキ	7+3	2	1
P.1300	大尉	スタニスワフ・ハウーパ	3+2	2	0
P.783023	准尉	アレクサンデル・ホウデック	9	1	1
P.1902	大尉	ミハウ・ツフィナル	5+1	1	0
P.76731	少佐	ボレスワフ・ドロビンスキ	7	1+1	0
P.0493	中佐	ヤン・ファルコフスキ	9	1	0
P.1387	大尉	ミロスワフ・フェリッチ	8+2	1	1
P.0163	大佐	アレクサンデル・ガブシェヴィッチュ	8+3	1+1	3
P.1392	大尉	ボレスワフ・グワディッホ(1)	17[14]	2	0+1
P.1527	少佐	アントニ・グウォヴァツキ	8+1	3	4
P.1495	大尉	チェスワフ・グフチンスキ	5+1	2	1
P.1298	少佐	ウワディスワフ・グニッシ	2+3	0	1
P.1393	少佐	ズヂスワフ・ヘンネベルッグ	8+2	1	1
P.0273	少佐	エウゲニウッシュ・ホルバチェフスキ	16+1	1	1
P.0700	中佐	ステファン・ヤヌッス	6	0	1
P.1654	少佐	ユゼフ・イェカ	7+1	0	3
P.793420	軍曹	スタニスワフ・カルービン	7	0	0
P.0696	少佐	タデウッシュ・コッツ	3+3	3	0
P.0296	大尉	カジミエッシュ・コシンニスキ	2+3	2	0+2
P.1400	中佐	ユリヤン・コヴァルスキ(2)	3+1[4+1]	4	1[2]
P.1531	大尉	ヤン・クレムスキ	3+6	0+1	0+4
P.1299	中佐	ヴァツワフ・クルール	8+1	1	0+1
P.1506	少佐	ヴァツワフ・ワプコフスキ	6+1	0	1
P.1492	少佐	ヴィトルッド・ウォクチェフスキ	8	3+1	0
P.1912	少尉	ミハウ・マチェヨフスキ(3)	10+1[9+1]	1	1
P.1288	中佐	ミェチスワフ・ミュムレル	5+1	0	1+1
P.76704	中尉	タデウッシュ・ノヴァック	4+2	1	0+1
P.1913	大尉	エウゲニウッシュ・ノヴァキエヴィッチュ	4+2	1	0+1
P.76803	大佐	タデウッシュ・ノヴィエルスキ(4)	4+1[3]	1	5[6+1]
P.0042	中尉	ルドヴィック・パシュキエヴィッチュ	6	0	0
P.2093	大尉	アドルフ・ピエトラシャク	7+4	0	0+2
P.1915	少佐	ヘンリック・ピエットシャック	7+1	1	1
P.1381	中佐	マリヤン・ピサレック	11+2	1	2
P.76707	少佐	カロル・プニャック	6+2	2	2+2
P.782474	准尉	ミェチスワフ・ポペック	3+3	0	2
P.76751	少佐	イェージー・ポプワフスキ	5	0	2
P.1856	少佐	ウワディスワフ・ポトツキ	4+2	0	1
P.1427	少佐	イェージー・ラドムスキ	2+3	0+1	4
P.0692	中佐	カジミエッシュ・ルットコフスキ	5+1	2	1
P.76710	中佐	スタニスワフ・スカルスキ	18+3	2	4+1
P.1624	大尉	グジェゴジ・ソウォグップ	5	1	0
P.54384	少佐	ヴァツワフ・ソバンニスキ(5)	4+1[-]	1[-]	4[-]
P.0448	大尉	カジミエッシュ・スポルニ	5	1	1
P.76713	中尉	フランチーシェック・スツルマ	5	3+1	1
P.1653	大尉	エウゲニウッシュ・シャポシュニコフ	8+1	1	1
P.76781	少佐	ヘンリック・シュチェンスニ	8+3	1	2
P.782842	准尉	カジミエッシュ・シュトラムコ	4+1	1	0
P.76735	大佐	ヴィトルッド・ウルバノヴィッチュ(6)	18[17]	1	0
P.0603	少佐	マリヤン・ヴェソウォフスキ	2+4	0	1+4
P.76730	大佐	ステファン・ヴィトージェンニッチ	5+1	0	2
P.76736	中尉	ボレスワフ・ウワスノヴォルスキ	5+1	0	0

操縦士			スコア（個人＋共同）		
英空軍認識番号	最終階級	氏名	確認	不確実	撃破
P.781062	准尉	ミロスワフ・ヴォイチェホフスキ	4+1	0	0
P.2096	大尉	カジーミエッシュ・ヴュンシェ	4+1	1	0
P.1382	中佐	ヤン・ズムバッホ	12+1	5	1

【補足説明】
(1)「報告書」がグワディッホに認めている撃墜数14機は、彼が1944年に米陸軍航空隊従軍中に撃墜したドイツ機3機を含んでいない。このうち1機をPAFは誤って「地上撃破」に分類し、また残る2機（米軍により公認）はグワディッホがPAFを去ったあとで達成された。
(2)「報告書」が認めているうち撃墜1機、撃破1機については、証拠が見あたらない。同姓のヤン・コヴァルスキ大尉（P.1909、撃墜1、撃破1）による戦果を、誤って足してしまったものと思われる。
(3) 第249飛行隊で空中撃墜1機があったが、PAFが誤って「地上撃破」に分類したものと思われる。
(4) 1941年半ばの英国資料は、1940年8月から1941年2月まで第609飛行隊でスピットファイアで戦っていたノヴィエルスキに、ドイツ機撃墜5、協同撃墜2（プラス不確実撃墜と撃破）を認めている。これが「報告書」では撃墜3、不確実撃墜1、撃破6 1/2に格下げされた。しかしこの期間、ノヴィエルスキが少なくともドイツ機5機を撃墜（協同撃墜1を含む）していることが、今までに史家の調査で判明している。
(5) ソバンニスキはPAFに属して飛んだことがなかったので、「報告書」に彼のスコアは含まれていない。この数字は米陸軍第4戦闘航空群の記録による。
(6) 従来のいくつかの説とは違って、「報告書」の数字はウルバノヴィッチの撃墜した日本戦闘機をも含んでいる。ただし（明白な理由で）、彼が1936年に墜としたソ連機は除かれた。

『Aces High』の例にならい、敵機4機を撃墜したポーランド人操縦士を以下に示す。

P.1290	少佐	タデウッシュ・チェルヴィンニスキ	4	0	0
P.0213	大尉	ヴワディスワフ・ドレツキ(1)	4[3]	0	1
—	中尉	ヒェロニムム・ドゥッドヴァウ	4	0	0
P.784079	准尉	ルイシャルト・イッドリアン(2)	4[2]	0	0
P.1385	中尉	ヴォイチェッホ・ヤヌシェヴィッチュ(3)	4[3]	0	0
P.0711	大尉	ヴィトルッド・ワノフスキ(4)	4[2]	0	0
P.0248	少佐	ヴィトルッド・レティンゲル(5)	4	0	2
P.76762	少佐	ヴワディスワフ・ルジツキ	4	0	0
P.2094	大尉	ミハウ・トゥジャンニスキ	4	0	0
P.1808	大尉	ヤヌッシュ・ヴァラフスキ	4	0	3
P.1291	大尉	ステファン・ヴァブニャレック	4	0	0

【補足説明】
(1) ドレツキは最後のスコアを地中海戦線の英国人部隊であげ、2日後に事故で死亡した。従って、彼の報告はPAFに届かず、この勝利（英空軍当局により確認）は「報告書」に入っていない。彼はさらにもう1機を撃墜したとする未確認の報告もあるが、公認はされない。
(2) 1944年12月7日、イッドリアン准尉はノルウェー沖でFw190を2機撃墜したと申し立てた。彼は一発も弾丸を撃たず、フォッケウルフはたがいに空中衝突したものだったので、彼の主張は公認されなかった。だが別のポーランド人操縦士が、ほとんど同じ状況で敵撃墜を公認されている例があるため、ここではイッドリアン准尉を含めることにした。
(3) ヤヌシェヴィッチュは1939年9月3日から6日までのあいだに3機撃墜を公認されている。今日では、彼は同じ時期に4機目のスコアを公認されていたと思われる。彼は英本土航空戦の初期に戦死したため、「報告書」作成時にみずから主張を提示できなかった（原記録は1939年に破棄されている）。
(4) ワノフスキはすべての勝利を米陸軍航空隊であげた。「報告書」は彼に2機の撃墜しか認めていない。残る2機（米軍が公認）は彼がPAFを離れてのちのものであるため。
(5) レティンゲルは5機撃墜を申し立てたが、のちに1機が撃破に格下げされた。

ポーランド人夜間戦闘機操縦士にエースは生まれなかった。上位3人を以下に示す。

P.2094	大尉	ミハウ・トゥッツルジャンニスキ	4	0	0
P.0663	少佐	ゲラルッド・ラノシェック	3	0	2
P.1404	少佐	アントニ・アレクサンドロヴィッチュ	3	0	0

最後に、数名の連合軍エースがポーランド部隊でスコアをあげている。以下に彼らのスコアとPAFでの最高階級を示す。各人の最終スコアは [ ] で囲んだ数字である。

操縦士の国籍	英空軍認識番号	階級	氏名	スコア（個人＋協同）		
				公認	不確実	撃破
英	40667	中佐	ジョン・ロバート・ブレアム(1)	3[29]	0[2]	0[5]
英	37499	大尉	アソール・スタンホープ・フォーブス	7[7+2]	1[1]	0[0]
チェコ	793451	軍曹	ヨゼフ・フランティシェク	17[17]	1[1]	0[0]
英	90082	少佐	ロナルド・ガスターヴ・ケレット	5[5]	2[2]	1[1]
カナダ	37106	中佐	ジョン・アレクサンダー・ケント	7[12]	2[3]	1[3]
英（アイルランド）	37422	大尉	ウイリアム・ライリー	2[8+2]	2[3]	0[1]
英	29048	少佐	ウイリアム・アーサー・サッチャル	3[7]	[5]	0[12+1]
ソ連		中尉	ヴィクトル・カリノフスキ	2[12]	—	—

【補足説明】
(1) ブレアムは実際にはポーランド部隊に所属したことはないが、第305（ポーランド）爆撃飛行隊から借用したモスキートFB VIで3機のスコアをあげている。

ポーランド人の対V1号エース

5基以上のV1号飛行爆弾を撃墜したポーランド人操縦士

英空軍認識番号	階級	氏名	V1 個人＋協同	合計	敵機公認	不確実	撃破
P.783248	准尉	C・バルトウォミェイチック	5	5	ー	ー	ー
P.1595	大尉	アントニ・ホライダ	5+1	5・1/2	2	1	2
P.1902	大尉	ミハウ・ツフィナル	1+4	3	5+1	1	ー
P.0273	少佐	エウゲニウッシュ・ホルバチェフスキ	1+4	3	16+1	1	1
P.780386	曹長	タデウッシュ・ヤンコフスキ	4+4	6	2+1	ー	1
P.0973	中尉	ステファン・カルンコフスキ	2+3	3・1/2	1	ー	ー
P.0387	大尉	ヴウォジミェッシュ・クラーヴェ	2+4	3・2/3	1+1	2	ー
P.0327	大尉	ロンギン・マイェフスキ	5+1	5・1/2	0+1	ー	ー
P.2913	軍曹	イェージー＝アンジュジェイ・ミェルニツキ	6	6	ー	ー	ー
P.783147	准尉	アレクサンデル・ピエットシャック	4+1	4・1/4	3+1	ー	2
P.1915	大尉	ヘンリック・ピエットシャック	4+1	4・1/2	7+1	1	ー
P.780965	大尉	ヤン・ロゴフスキ	3+2	4	2	ー	ー
P.782513	曹長	S・ルドフスキ	7+3	8・1/2	ー	ー	ー
P.1032	大尉	ヤン・シエキエルスキ	7+3	8・1/6	1	ー	1
P.783226	曹長	カジーミェッシュ・シヴェック	2+3	3・1/12	3	ー	ー
P.0744	大尉	テオフィル・シマンキェヴィッチュ	5+1	5・1/2	0+1	ー	ー
P.781044	准尉	タデウッシュ・シマンニスキ	8	8	2	ー	ー
P.2478	中尉	グヴィド・スフィストゥン	1+5	3・1/2	2+1	ー	ー
ー	曹長	ユゼフ・ザレンニスキ	5+6	8	ー	ー	ー

以下の戦闘機エースは5基に満たないながらV1号を撃墜している。

	大尉	スタニスワフ・ブロック	1
	少佐	ユゼフ・イェカ	1
	大佐	タデウッシュ・ノヴィエルスキ	1
	准尉	ヤクッブ・バルギエウォフスキ	3

カラー塗装図　解説
colour plates

1
P.11c　8.70　「白の10」　1939年9月　ポニャトゥッフ
第113飛行隊　ヒェロニム・ドゥッドヴァウ少尉
9月1日、ドゥッドヴァウ少尉が搭乗中に敵弾で損傷を受けたといわれる機体「白の10」。無塗装の金属板2枚を胴体にリベット付けして修理された。この日からドゥッドヴァウは撃墜歴の幕を開け、9月16日に彼が落とした4機目(Hs126)は、1939年の戦いでPAFの戦闘機操縦士がドイツ機に対してあげた最後の戦果となった。

2
P.11c　8.110　「白の4」　1939年9月　シュパンドヴォ
第152飛行隊　スタニスワフ・ブジェスキ伍長
ブジェスキは9月4日、この機体に搭乗してドイツ軍気球を攻撃中に対空砲火で撃墜されたが、すでに前日には気球をひとつ撃墜していた。第二次大戦で、スコアの中に観測気球が入っている、たぶん唯一のエースである。英空軍249飛行隊に所属していた1941年2月には、初めて空気より重い航空機(Bf109)を1機撃墜した。のち第317飛行隊で撃墜5、協同撃墜1を記録、1943年には第302飛行隊に移って協同1、不確実2のスコアをあげた。第303飛行隊にいた1944年5月、撃墜され捕虜となった。

3
P.11c　8.63「白の2」　1939年9月　ポドロドゥフ
第121飛行隊　ヴァツワフ・クルール少尉
胴体に2本の帯、主翼上面に同色の、さらに幅広い2本の帯で山形を誇らしげに描いたこのP.11cは部隊長乗機を示し、クラクフのポーランド航空博物館に展示中の唯一現存するP.11cには、この塗装が施されている。クルールは1939年9月5日、デンブリン近くで1機のDo17を協同撃墜し、最初のスコアをあげた。のちに彼は四つの異なる戦場――ポーランド、フランス、イギリス、アフリカ――のすべてで撃墜を記録した唯一のポーランド人操縦士となった。

4
MS.406C1　946　「白のIII」　1940年5月　ムールベッケ
第1戦闘機大隊第III飛行隊(GCIII/1)　ヴワディスワフ・グニッシ少尉
5月半ばの約1週間、第1戦闘機大隊第III飛行隊はベルギー・ヘント近くのムールベッケを基地としていた。この間にグニッシは爆撃機3機を協同撃墜し、PAF第2位のエースとなった。彼はのちに英空軍に加わった。

5
CR.714「シクローン」　I-234　「白の2」
1940年5月　ヴィラクーブレ

第145戦闘機大隊第I飛行隊　チェスワフ・グウフチンニスキ少尉
1940年6月9日、グウフチンニスキは彼にとって5機目の敵機(Bf109)を撃墜、さらに1機を不確実撃墜した。この戦闘で彼のCR.714は損傷を受けたが急いで修理され、同日午後にはスクランブルに出動して、さらに1機のDo17を不確実撃墜した。のちにグウフチンニスキは英国で第302飛行隊に属して戦果をあげることになる。

6

D.520C1 119　1940年6月　リュクサーユ
第7戦闘機大隊第II飛行隊　ミエチスワフ・ミュムレル中佐
このドヴォアチヌは「フランスの戦い」当時の典型的な塗装のほかは、部隊識別色も部隊マークもなく、ただ方向舵の工場製造番号だけで識別できる。1940年6月15日、ミュムレルはこの機で1機のDo17を協同で撃墜、1機のHe111を協同で撃破したと認められた。

7

MB.151C1　57　1940年6月　シャトールー
He 戦闘防衛小隊　ズヂスワフ・ヘンネベッグ中尉
シャトールーのブロック社組み立て工場の防衛にあたった「煙突小隊」には、ヘンネベッグの名前を縮めたHeというコードネームが付けられた。6月5日、ヘンネベッグは小隊名にふさわしく1機のHe111を撃墜し、最初の勝利をあげた。13日後にはMB.152に乗ってタングミアに脱出する。英本土航空戦では第303飛行隊に所属し、8機のスコアをあげた。のち飛行隊長に任命されたが、1941年4月12日、スピットファイアで英仏海峡に不時着水し、空海救難隊(ASR)が捜索したものの、ついに発見されなかった。

8

ハリケーンI　P3208　1940年8月　グレーヴゼンド
第501飛行隊　アントニ・グウォヴァツキ軍曹
グウォヴァツキ軍曹のほか、P3208は同僚のポーランド人、パヴェウ・ゼンケル少尉(1940年8月に2機撃墜)の使用機でもあった。8月18日、このハリケーンは第26戦闘航空団のゲーアハルト・シェプフェル中尉に撃墜され、搭乗していたJ・W・ブラント少尉は戦死した。グウォヴァツキは英本土航空戦で8機のスコアをあげ(8月28日の5機を含む)、この戦いでもっとも武勲をあげたポーランド人操縦士のひとりとなった。

9

ハリケーンI　V7235　1940年8月　ノーソルト
第303飛行隊　ルッドヴィック・パシュキエヴィッチュ中尉
RF-Mはパシュキエヴィッチュ中尉のお気に入りの機体だった。この機で彼は9月7日に2機のDo17Zを、4日後にBf110を、15日にBf109を、26日にはHe111をそれぞれ撃墜したからである。翌日、「パシュコ」はL1696/RF-Tで戦死する。その後V7235に搭乗した操縦士のなかには、10月5日にBf110を1機撃墜したベウツ軍曹がいる。驚くべきことに、12月にはこの機体は8月に飛行隊に支給された全ハリケーンのうち、唯一の生き残りになっていた。

10

ハリケーンI　V6605　1940年9月7日　ノーソルト
第303飛行隊　ズヂスワフ・ヘンネベッグ少尉
寿命の長かったV7235とは対照的に、このハリケーンは第303飛行隊で9月7日、ほんの数時間使われただけだった。このポーランド人飛行隊は実戦に参加して最初の1週間で、それまで懐疑的だった英空軍当局者を驚嘆させる成功を収めたが、その代償として機材の損失も(人員はともかくとして)また多かった。9月7日、ヘンネベッグ少尉が「A」小隊を率いて出動するにあたり、同じくノーソルトを基地としていたカナダ空軍第1飛行隊からV6605を借用しなくてはならなかったのも、その現れだった。カナダのハリケーンに乗った「ジデック」はBf109を1機撃墜、もう1機を不確実撃墜し、軽度の損傷を負った機体を持ち主に返した。

11

ハリケーンI　P3939　1940年9月　ノーソルト

第303飛行隊長　ヴィトルッド・ウルバノヴィッチュ少佐
第303飛行隊は9月6、7両日の激戦で機材が足りなくなり、P3939は9月8日に第302飛行隊から融通してもらった機体である。以前のコードはWX-Hで、第302の英本土防空戦中のトップエース、ユリヤン・「ロッホ」・コヴァルスキ少尉などの乗機だった。第303でも風防下の四角いポーランド標識はそのまま残された。P3939はおもにウルバノヴィッチュが搭乗したが、ズムバッホ少尉も使用した。9月15日にはタデウッシュ・アンドルシワッフ軍曹がこの機に搭乗し、ヴォイチェホフスキ軍曹と共同でDo17を1機撃墜したが、3時間後、P3939は第53戦闘航空団第1中隊のハインリヒ・コッペルシャーゲル軍曹に撃たれ、アンドルシワッフはダートフォード南方に落下傘降下した。

12

ハリケーンI　V6684　1940年9月　ノーソルト
第303飛行隊長　ヴィトルッド・ウルバノヴィッチュ少佐
ウルバノヴィッチュはV6684で9月15日、第2爆撃航空団第8中隊のDo17Zを2機(Wk-Nr 2549/U5＋FSとWk-Nr 4245/U5＋GS)撃墜した。9月26、27日にはズムバッホ中尉がこの機でBf109を2機、He111を1機落とし、27日の午後にはケント大尉がサセックス海岸上空で第77爆撃航空団第5中隊のJu88A-1(Wk-Nr 7106/3Z＋GN)を撃墜した。V6684がさらに武勲をあげたのは10月5日で、ヘンネベッグ中尉がBf110の1機撃墜を認められた。このハリケーンはほかにもフェリッチ少尉、ヴュンシェ軍曹など大勢のPAFのエースの乗機となり、ケレット少佐も搭乗した。英本土航空戦の終わりに当たり、アードルフ・ヒットラーの戯画と第303飛行隊の最終スコアがチョークで胴体に描かれた。

13

ハリケーンI　V7504　1940年9月　ノーソルト
第303飛行隊　スタニスワフ・カルービン軍曹
カルービンは9月30日、V7504で、第53戦闘航空団第4中隊のカール・フォーグル軍曹のBf109E-1(Wk-Nr 6384)をビーチー・ヘッド沖で撃墜した。第303飛行隊長ケレット少佐[この時期、飛行隊長はウルバノヴィッチュとの2人制だった]もこの機で10月5日、ロチェスター上空で1機のBf109に損傷を与えた。カルービンは第303飛行隊勤務中に6機をスコアに加えたが、その前の1939年には第111飛行隊に所属し(Bf110を1機撃墜)、フランスでは第I/55戦闘防衛小隊でMB.152で飛んでいた。第303飛行隊を去ってのち、第58実戦訓練部隊(OTU)に転属、ついで第55実戦訓練部隊に移り、1941年10月12日、ハリケーンI(V7742)で事故死した。

14

ハリケーンII　Z2405　1941年夏　チャーチ・スタントン
第316飛行隊　アレクサンデル・ガブシェヴィッチュ大尉
このハリケーンは第316飛行隊に来る前に、第56飛行隊で迷彩のテスト用に使われていた。蛇の目のスタイルが変わっているのと、迷彩がグレーとグリーンなのはそのため(当時の戦闘機軍団では、まだ大部分がダークアースとダークグリーンの迷彩だった)。ガブシェヴィッチュは第316飛行隊の「B」小隊長として、1941年秋に飛行隊がスピットファイアに機種改変するまでZ2405を乗機とした。部隊マークが1942年初めに正式に採用される以前は、第316飛行隊の飛行機にはポーランド時代の第113飛行隊と第114飛行隊のマークが描かれており、ガブシェヴィッチュは第114飛行隊出身であることを示すツバメを自分のハリケーンに描いた。1941年当時の彼は、ワルシャワ上空で協同撃墜1機、1940年6月1日にリヨン上空でHe111撃墜1機、そして第316飛行隊のハリケーンで協同撃墜2機を公認されていた。

15

ハリケーンII　Z3675　1941年9月　チャーチ・スタントン
第302飛行隊　カジーミェッシュ・スポルニ少尉
スポルニは9月4日、Z3675で不確実ながらBf109を1機撃墜し、彼にとり初の戦果をあげた。1941年10月10日、このハリケーンは別の15機とともに第302飛行隊員によりリッチフィールドに空輸され、急いで梱包されてソ連に送られた。Z3675はのちにスヴェルドロフスクの訓練部隊

で使われたが、面白いことに、第302飛行隊のマーキングをそっくり残したままだった。スポルニは1941年遅くに初の撃墜を記録したが、彼のスコアの大部分はやがて1943年、「スカルスキのサーカス」であげられることになる。

16
スピットファイアⅠ　L1082　1940年8月13日　ウォームウェル
第609飛行隊　タデウッシュ=「ノヴィ」・ノヴィエルスキ中尉
8月13日、ノヴィエルスキは第609飛行隊に加わって最初の実戦に出動した。部隊はこの日午後、第2急降下爆撃航空団第Ⅱ飛行隊のJu 87編隊を迎撃し、「ノヴィ」はマッカーサー大尉の緑隊の一員として、シュツーカ隊の護衛機と戦い、Bf109を1機撃墜、さらに1機を撃破した。彼に落とされたのは第53戦闘航空団第5中隊のBf109E-1「黒の9」で、ウェイマス湾に墜落、操縦していたハンス=ハインツ・プファンシュミット曹長は落下傘で脱出して捕虜となった。L1082は11日後、アメリカ人のマミドフ少尉が搭乗し、廃機処分となった。

17
スピットファイアⅡ　P8079　1941年3月　ノーソルト
第303飛行隊　ヴァツワフ・ワプコフスキ大尉
工場から戦闘機軍団に引き渡されたとき、P8079には制定されたばかりのスカイ色の帯が胴体になかったため、1941年2月、バートンウッドの第37整備廠でこれを注意深く（シリアルを見えなくしてしまわぬように）塗らなくてはならなかった。この機は第303飛行隊に配備されたが、残念ながら部隊の整備兵の塗装技術は整備廠のそれに遠く及ばず、部隊コードのRFの文字がシリアルの大部分を隠してしまった。P8079は通常ワプコフスキ大尉の乗機だったが、1941年3月から4月にかけてはヘンネベルッグ少佐（飛行隊長）やウォクチェフスキ少尉、ベウツ曹長といったエースを含む他の操縦士もときおり使用した。4月20日、ヤン・パラク曹長は1機のJu88を撃破し、これがP8079のあげた唯一の戦果となった。5月初めにこの機は第303飛行隊を離れ、英空軍部隊を転々としたのち、第61実戦訓練部隊に落ち着いた。1944年4月27日、ポーランド人エウゲニウッシュ・ヤヴォルスキ曹長を乗せたP8079は別のスピットファイアと空中衝突し、双方の操縦士とも死亡した。

18
スピットファイアⅡ　P8385　IMPREGNABLE
1941年5～7月　ノーソルト
第303飛行隊　ミロスワフ=「オックス」・フェリッチ中尉
P8385は1941年5月15日から7月12日までのあいだフェリッチの乗機だった。6月22日16時10分、フェリッチはBf109Eを1機撃墜、5日後の12時15分にはBf109Fを1機撃破した。ほかに部隊でこの機体を使用した操縦士のなかには、グワディッホ少尉、ドレツキ少尉、ポペック曹長、ヤン・シュラゴフスキ曹長（6月23日、本機でBf109Fを1機不確実撃墜）、タデウッシュ・アレントヴィッチ大尉（6月25日、本機でBf109を1機撃破）、それにズムバッホ中尉（同じく本機で7月2日、Bf109Eを1機撃墜、さらに1機を不確実撃墜）らがいた。1941年7月半ば、このスピットファイアは第306飛行隊に移管された。ミロスワフ・フェリッチは英本土航空戦でドイツ機7機を撃墜したが、1942年2月14日、空中事故で死亡した。

19
スピットファイアⅡ　P7855　KRYSIA　1941年7～8月
第315飛行隊　ヤン=「コンニ」・ファルコフスキ中尉
第65「東インド」飛行隊の文字が、半ば消えかけてコクピットの下に見えるP7855は、すでにふたつの前線部隊で使われてきたベテラン機で、胴体のスカイ色の帯が斜めなのが変わっている。第24整備廠で、19番胴体枠に合わせて塗られたためである。機首カウリングのポーランド標識が大きいのは第308飛行隊の特徴で、このP7855を含め、第315飛行隊使用機の大部分は同部隊から「獲得」したものだった。標識が傾いて見えるのは、地上姿勢で水平の第315飛行隊の流儀に従って、機体識別文字は女性の名前に作り替えられている（クルイシャは英語のクリスティーンに相当）。P7855にはファルコフスキ中尉がたびたび搭乗した。仲間から「コンニ」（馬）の愛称で呼ばれたファルコフスキのスコアは、1941年半ばまで1機だったが、10月には7機に伸ばした。1943年、ファルコフスキは第303飛行隊の指揮を託され、終戦時には第3ポーランド戦闘航空団司令となっていた。

20
スピットファイアⅡ　P8387　HALINA/BARTY　1941年8月　ノーソルト
第315飛行隊　スタニスワフ=「チャーリー」・ブロック軍曹
第315飛行隊の習わしで、P8387には女性名「ハリナ」が与えられた。オーバーサイズのポーランド標識は、第308飛行隊機だった前歴を示している。コクピットの前方には献納者名「BARTY」も描かれている。新しい識別マークとしてスカイ色の帯が塗られたあと、消えたシリアルが第9整備廠で帯のうしろに書き直された。HALINAにはいつもブロックが搭乗していた。ブロックは当時まだ親が船員で、頑強な性格だということしか知られていなかったが、1941年夏、Bf109を2機撃墜してスコアをあげ始めることになる。

21
スピットファイアⅤ　AB824　1941年10月　ノーソルト
第303飛行隊　マリヤン・ベウツ軍曹
ベウツ軍曹はAB824で1941年10月24日、15時10分、カレーとグリネ岬のあいだで、自身の7機目のスコアとなるBf109Eを撃墜した。本機は1942年4月4日、作戦指令室勤務に飽きたズビグニェフ・クスットシンニスキ大尉が飛行隊に加わって出撃した際に失われた。サントメール付近でFw190の攻撃を受けた大尉が2機を撃墜したが、自機も被弾して冷却液が漏れ出し、英国へ戻る望みの無くなった彼はフランスに不時着した。AB824は発見され、のちにドイツ軍に使用されたらしい。機体識別文字Sの形が標準と異なるのと、スカイ色の帯が胴枠に沿って傾いていることに注意。

22
スピットファイアⅤ　W3506/RF-U　HENDON　LAMB
1941年12月　ノーソルト　第303飛行隊　ミェチスワフ・アダメック軍曹
1941年12月8日、第303飛行隊がノーソルト航空団を先導してル・トゥーケ地区の掃討に出撃した際、アダメックはグワディッホ中尉の僚機としてW3506に搭乗していた。帰途、航空団はドイツ機の奇襲を受け、第315飛行隊のグロシェフスキ少尉は落下傘で脱出した。グワディッホは空海救難隊に救命筏の場所を指示すべく、その上空を旋回した。やがて1機のFw190が彼に攻撃をかけてきて、アダメックはその敵を英仏海峡に撃墜した。残念ながら、彼らの努力も空しく、グロシェフスキは二度と見つからなかった。1942年4月12日、今度はヴォイダ軍曹の操縦するW3506が英仏海峡に撃墜される番となり、軍曹は落下傘で脱出したが、より幸運に恵まれた彼は救難艇に拾い上げられた。本機で注目されるのは、PAFの標識が描かれていないこと、また部隊マークが献納者のエンブレムのきわめて近くにあることで、部隊マークはどの機でも必ず同じ位置に描かれたため、機体によっては献納者の名前の上に重ねて描かれてしまうことも実際に起きていた。

23
スピットファイアⅤ　P8742　ADA　1941年12月　ハローピーア
第302飛行隊　チェスワフ・グウフチンニスキ中尉
この機体は12月5日に第302飛行隊に支給されたもので、同月半ばに損傷を受け、修理されて1942年4月まで同部隊で就役した。その後はいくつかの英空軍部隊で使われ、1943年7月、第317飛行隊当時にベランボースで離陸時に事故を起こして廃機となった。グウフチンニスキはダックスフォードで第302飛行隊に加わったとき、すでにエースだったが、1940年8月17日、ハリケーン P3927/WX-Eで事故により重傷を負った。7カ月後、彼は再び第302飛行隊で前線復帰し、1941年12月30日、自身最後のスコアとなるBf109Fを1機撃墜した。

24
スピットファイアⅤ　AD130　1942年2月　ノーソルト
第316飛行隊長　アレクサンデル・ガブシェヴィッチュ少佐
ガブシェヴィッチュはAD130で何度か飛んだが、彼の専用機ではない。

(92頁に続く→)

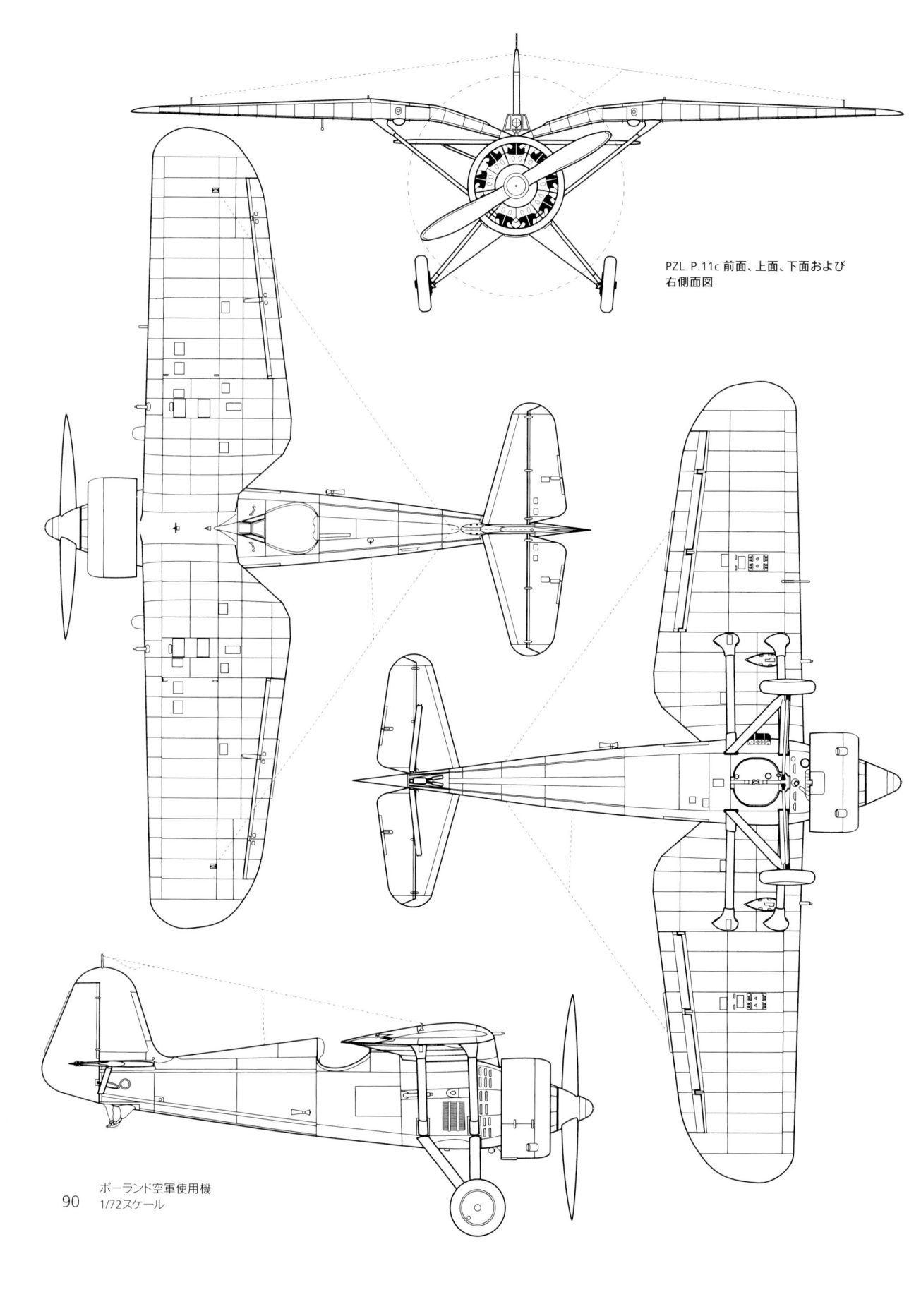

PZL P.11c 前面、上面、下面および
右側面図

ポーランド空軍使用機
1/72スケール

PZL P.11a

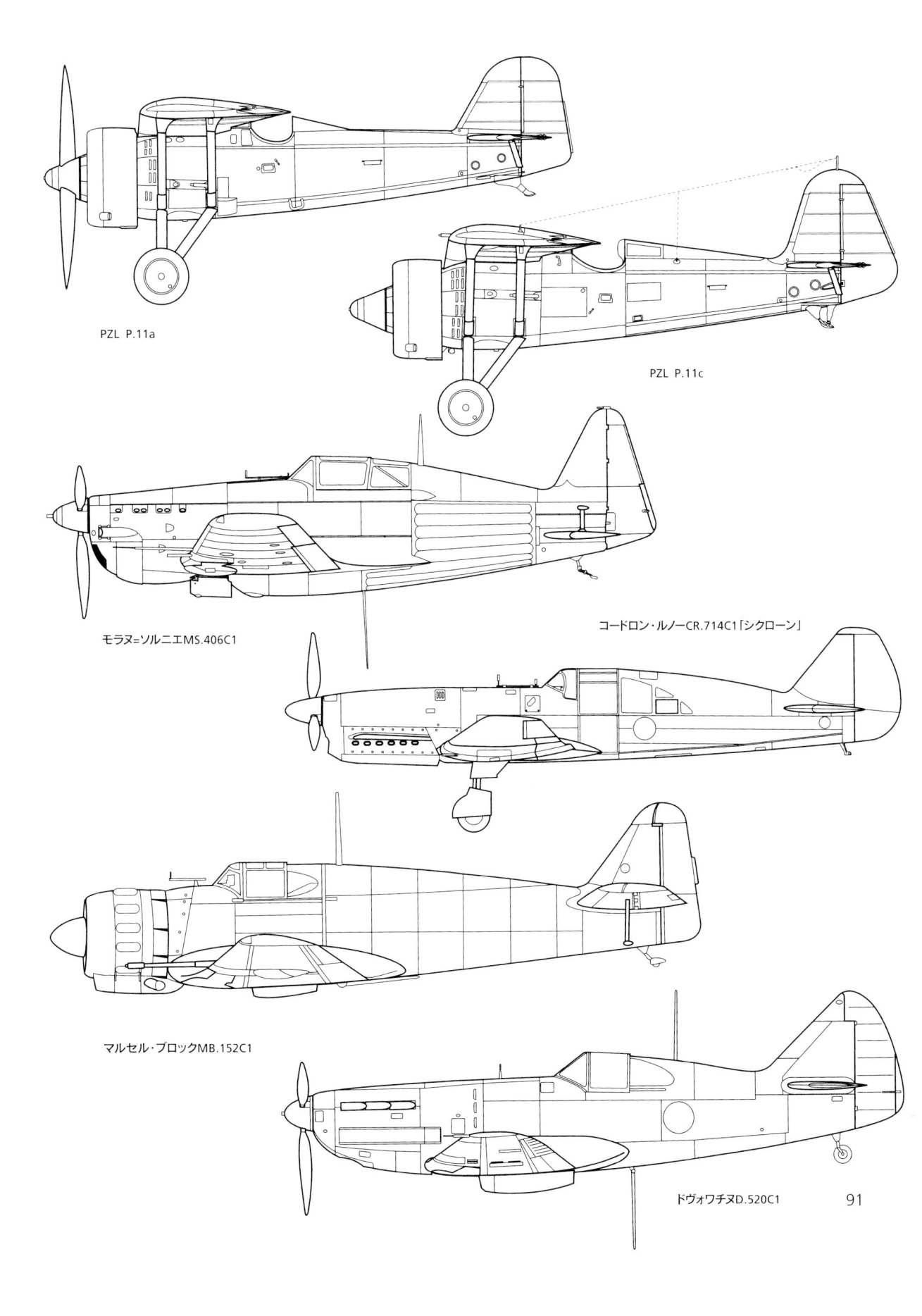

PZL P.11c

モラヌ=ソルニエMS.406C1

コードロン・ルノーCR.714C1「シクローン」

マルセル・ブロックMB.152C1

ドヴォワチヌD.520C1

1942年4月10日、ユゼフ・デッツ中尉はこの機でFw190を1機不確実に撃墜するが、2日後にはベルナルッド・ブッフォバルット中尉がこの機で撃墜され、捕虜となった。通常のマーキング以外では、PAFの四角な標識の下に「POLAND」の文字があり、部隊マークがコクピット直後に描かれている。部隊識別文字の「Z」の形も標準と異なる。ガブシェヴィッチュは第316飛行隊で撃墜3、協同撃墜2、不確実1、不確実協同1、撃破2のスコアをあげた。彼はこの部隊に愛着があり、のちに航空団司令、ついで戦区司令に就任後も、乗機にSZ-Gの文字を描いた。その機体でさらに撃墜3、撃破1をスコアに加えている。

25
スピットファイアV　W3970　1942年初頭　エクセター
第317飛行隊　タデウシュ・コッツ中尉

コッツはW3970で1941年11月8日、Bf109Fを1機、不確実に撃墜した。1942年3月15日、このスピットファイアはコッツにさらなる幸運をもたらす。この日、第317飛行隊は悪天候に遭遇し、濃い霧のなかでスピットファイア9機が墜落したが、本機に乗ったコッツと同僚のエース、ブジェスキ軍曹（W3424/JH-Qに搭乗）だけが無事に着陸できたのである。W3970は単発夜間戦闘機に使われているのと同様の、標準より小さい蛇の目を描いていた。本機には、のちに米第56戦闘航空群第61戦闘飛行隊に加わるヤニツキ少尉とワノフスキ少尉のふたりもときどき搭乗した。

26
スピットファイアV　EN951　「ドナルド・ダック」　1942年10〜11月
カートン・イン・リンゼイ
第303飛行隊長　ヤン＝「ヨーハン」・ズムバッホ少佐

EN951は1942年8月19日、第133「イーグル」飛行隊のドン・ブレークスリーがディエップ上空でドイツ機数機を撃墜したときの乗機で、同年9月末に第303飛行隊のヤン・ズムバッホに支給された。スイス系であることから「ヨーハン」と呼ばれていたズムバッホには「ドナルド・ダック」のニックネームもあり、そこからディズニー漫画にちなんだマークが描かれることになった。当時、第303飛行隊はようやくポーランドの四角標識を機体に描くことを始めた。PAF部隊の通例と異なり、EN951には飛行隊長マークも描かれている。スコアボードは白縁付きの黒十字12個と白縁の1/3個(公認撃墜12と1/3による)、赤縁の黒十字4個(不確実)、それに縁なしの黒十字1個(撃破)である。シリアルはスカイ帯の上端に小さく書かれている。ズムバッホが12月1日に転出したあと、この機はドロビニスキ中尉、グウォヴァツキ中尉、ヴュンシェ准尉などのエースの乗機となった。

27
スピットファイアXII　EN222
1942年11月〜1943年2月　ハイポスト
集中飛行開発隊　ヘンリック・ピェットシャック大尉
ウワディスワフ・ポトツキ大尉

集中飛行開発隊（IFDF）では1942年11月6日から1943年2月18日にかけて、スピットファイアMkXII（EN221およびEN222）をテストした。テストを始めたふたりの操縦士のひとりがピェットシャック大尉（臨時）だったが、12月にポトツキ大尉に交代した。テスト項目のひとつは翼幅の短縮が補助翼の利きに与える影響についてで、両翼端が取り外され、開口部は木のブロックでふさがれた。翼幅を縮めた結果は、低空での運動性が改善されたことが判明し、この改修は量産機に採用された。こうしてふたりのポーランド人エースが行ったテストの直接の結果、MkXIIは実戦に参加した初の切断翼型スピットファイアとなった。切断翼はやがて多くのスピットファイアに取り入れられ、事実上、ポーランド空軍のわずかふたりの操縦士から、英空軍の戦闘機開発努力に対してなされた最大の貢献といえよう。

28
スピットファイアIX　EN128　1942年12月31日　ノーソルト
第306飛行隊　ヘンリック・ピェットシャック中尉

このスピットファイアは当時の標準的な迷彩とマーキングが施されている。カウリングにはポーランドの四角マークと、その下に「POLAND」のステンシル文字が、前部風防の下には第306飛行隊章が描かれている。胴体上を走る（排気炎による）長い焼け焦げの跡に注目のこと。1942年12月31日、ピェットシャック中尉がPAFのドイツ機撃墜500機目となるスコアをあげた際の乗機が、たぶんこのEN128だったと思われる。戦前、ピェットシャックは第4航空連隊の下士官で、「フランスの戦い」では第9戦闘機大隊第III飛行隊で戦った。第306飛行隊に勤務中に将校に昇進し、のち第315飛行隊の「A」小隊長としてマスタングに搭乗、さらに第309飛行隊の最後の指揮官となった。

29
スピットファイアV　BM144　Halszka 1943年初頭
カートン・イン・リンゼイ　第303飛行隊　アントニ・グウォヴァツキ中尉

BM144は「ドナルド・ダック」の漫画を機体に描いたRF-Dとして、よく知られている（「Osprey Aircraft of the Aces 16--Spitfire Mark V Aces」を参照のこと）。ズムバッホが乗機を変えた際、BM144はRF-Hとなり、1943年3月までジィグムント・ビェンニコフスキ（小隊長、ついで飛行隊長）の乗機だった。彼の個人用機ではあったが、1943年初期にはエースであるグウォヴァツキ中尉もたびたび本機で飛んでいる。1943年、BM144は切断翼のLF VBとなり、翼端のフェアリングは全面ダークグリーンに塗られた。EN951と同様（またオーバーホール後の他の多くのスピットファイアと同様）、シリアルはスカイ帯の高い位置に小さな文字で書き直されている。

30
スピットファイアIX　EN267　1943年4月　グブリーヌ
ポーランド戦闘チーム(PFT)　カジーミエッシュ・シュトラムコ曹長

ポーランド戦闘チーム（第145飛行隊「C」小隊）所属の他のほとんどのスピットファイアIXと同様、EN267は機体識別文字として数字を使っている。この機体はアフリカの空で数多くの戦いに加わったが、なかでももっとも戦果をあげたシュトラムコ曹長は1943年4月22日、本機でMC202とBf109をそれぞれ1機ずつ撃墜した。ホルバチェフスキ中尉は3月28日、本機でJu88を1機撃墜し、PFTのスコアボードの幕を開けた。本機でスポルニ中尉は4月7日にBf109を1機落とし、5月6日にはスカルスキ少佐がBf109を1機撃破して、この部隊の最後の戦果を飾った。

31
スピットファイアIX　BS463　1943年5月　ノーソルト
第316飛行隊　ミハウ＝ミロスワフ＝「ミキ」・マチェヨフスキ中尉

BS463は部隊章をコクピット後方に、またポーランドの四角をカウリングに描いている。蛇の目前方の部隊識別文字はステンシルで、線の切れ目が目立つ。また機体識別文字の「G」が部隊識別文字より大きいのも注目される。この機体には通常マチェヨフスキ中尉が搭乗し、1943年5月4日、Fw190を1機不確実撃墜、もう1機を撃破した。1943年6月には彼のスコアは撃墜10、協同撃墜1に達していたが、フランス上空で撃墜され［8月9日のこと］、捕虜となった。BS463にはほかにガブシェヴィッチュ中佐、ファルコフスキ大尉、グニッシ大尉も搭乗した。

32
スピットファイアIX　EN172　1943年5月　ノーソルト
第315飛行隊　スタニスワフ＝「チャーリー」・ブロック中尉

EN172は第315飛行隊に支給された最初のIX型のうちの1機で、サヴィッチュ少佐の個人用機となった。1943年5月15日、この機体にはブロック中尉が搭乗して「サーカス297」に出撃した。のちに彼は報告書にこう書いている。「Fw190が1機、浅い角度で降下しているのを視認、後上方600ヤード［540m］から攻撃、敵機の上に閃光がはっきりと見えたが、敵は退避行動をとらなかった。私は敵を追い、数回連射して、弾丸を使い果たした。連射のあいだ、敵機の胴体と主翼に弾着による閃光が多数見え、多量の煙が噴き出した。ついで胴体から発火、地面に激突して爆発した。」EN172はサヴィッチュ少佐の後任指揮官となったポプワフスキ少佐が使用し、フランシス・ガブレスキー大尉も第315飛行隊勤務中、この機で飛んだ。1943年6月、この機は第303飛行隊に移され、そこで7人ものエースに実戦で使われた。ルトコフスキ少佐、

ファルコフスキ少佐、コッツ大尉、クルール大尉、ヴュンシェ少尉、ポベック准尉、そしてホウデック曹長である。著者の知るかぎり、EN172はPAFでもっとも「エースに使われた」スピットファイアということになる。

33
スピットファイアIX　LZ989　1943年8月　ノーソルト
第316飛行隊　ユゼフ・イェカ大尉
このスピットファイアはイェカが第316飛行隊「A」小隊長当時、通常の乗機だった。実際、イェカは本機で1943年8月19日、彼の最後の戦果となるFw190を1機撃墜、もう1機を撃破している。ほかに本機に搭乗した操縦士には、ファルコフスキ大尉、グニッシ大尉、マチェヨフスキ中尉、それに当時ノーソルト基地司令だったミュムレル大佐らのエースがいる。イェカは英本土航空戦で第238飛行隊に属して撃墜4、協同撃墜1のスコアをあげていたが、第306飛行隊でこれに公認撃墜2機を上乗せした。戦後、イェカはポーランドをソ連の支配から解放する努力を続け、アメリカ人との秘密任務に関係した。1950年代の初めに、U-2型機の墜落事故で死亡したらしい。［ワルシャワ条約加盟国上空への偵察飛行に志願し、1958年4月13日、ヴィースバーデンで離陸時に事故死したとする資料がある］

34
スピットファイアVIII　JF447　1943年8月　レンティーニ・ウェスト
第601飛行隊長　スタニスワフ＝「スカル」・スカルスキ少佐
旧式化したスピットファイアMkVと、より強力なMkVIII、MkIXとを区別するため、後者の機体識別文字の代わりに数字を使う習慣がPFTが始め、地中海に基地を持つ英空軍部隊に広まった。JF447はスカルスキ少佐（英連邦操縦士のあいだでは「スカル」で知られていた）が何度か実戦に使用した機体で、第601飛行隊機の特徴として、部隊章が垂直安定板の上端に描かれている。JF447は初期のMkVIIIで、方向舵はMkXIIのような上端の尖った、コードの広いものではなく、丸いものが付いている。スピットファイアMkVIIIには高周波ラジオが装備されたことはなかったのに、方向舵の先端にアンテナ線の取り付け部があるのは興味深い。

35
スピットファイアIX　MA259　1943年9月4日　カッサーラ
第43飛行隊長　エウゲニウッシュ・「ホービー」・ホルバチェフスキ少佐
ホルバチェフスキは1943年8月に第43飛行隊の指揮官となり、やがて9月4日、MA259でただ一度だけ飛んだ。部隊の作戦行動記録は当日の戦闘を次の引用のように記している。「15機でメッシナ地区を哨戒していた。レッジョの東10マイル［16km］で、スピットファイアIXの分隊が高度2万5000フィート［7600m］に2機のME109を発見。北東から接近。敵機は北西に方向を変え、スピットファイア1機が発砲したのを見ると、再び方向を変えて北東に超高速で垂直降下した。味方はこれを追い、ホルバチェフスキ少佐（ポーランド）が地上すれすれで1機を撃墜。敵機はチッタノーヴァ近郊に墜落した」

36
スピットファイアVC　MA289　1943年9月11日　ミラッツォ・イースト
第152飛行隊　ウワディスワフ＝「マチェック」・ドレツキ大尉
このスピットファイアの機体下面は通常のアジャー・ブルーより明るい色調で塗装されていたように思われる。また機体識別文字も、もとは多分Aだったのが塗り直されている。MA289はふだんは南アフリカ人、ハリー・ホフが乗っていたが、9月11日にはドレツキ大尉が借りてサレルノ海峡上空で午後のパトロールに出動した。この任務中、彼は米陸軍航空隊のP-38の一編隊がBf109に襲われるのを発見し、ただちに攻撃に移って敵1機、おそらく第53戦闘航空団のルドルフ・シュテフェンス中尉機を撃墜した。この戦果は第152飛行隊にとって、長いスランプが続いたあとの最初の勝利であり、収穫ゆたかな時節の到来を告げるものだった。不幸にも、ドレツキはわずか48時間後に、離陸事故で死亡する。

37
スピットファイアIX　MK370　1944年5月　チェイリー
第131（ポーランド）航空団司令　ユリヤン＝「ロッホ」・コヴァルスキ中佐
Dデイ直前のドイツ空軍は、侵攻してくる連合国空軍にほとんど反撃しなかった。従って第131航空団のおもな任務は、フランスのドイツ軍海岸防備を弱体化させることにあり、それがカウリングの白い爆弾のマークとなって示されている。中佐を示す三角章が普通より低い位置にあることに注意。1944年5月中は、ガブシェヴィッチ大佐もMK370に搭乗したが、これはポーランドでよく知られた小説の主人公の名が「ロッホ・コヴァルスキ」だったことから来ている。彼は1940年6月にフランスで第145戦闘機大隊第I飛行隊にいたとき最初のスコアをあげ、のちに第302飛行隊に加わって、英本土航空戦で多くの勝利を収めた。

38
スピットファイアIX　ML136　1944年夏　フォード
第302飛行隊長　ヴァツワフ・クルール少佐
第302飛行隊では、隊長は識別記号WX-Lの機体で飛ぶ習慣があった。Lは「Leader」のLで、この機体も当時クルール少佐に使用された。クルールはポーランド語で王様を意味することから、少佐は「ザ・マナーク」（the Monarch）の名で呼ばれていた。1944年には彼のスコアは撃墜8、協同撃墜1に達し、それで終わった。クルールが戦後に書いた最初の回想録の題名が『わがスピットファイア WX-L』であるのは興味深い。1944年中期には、ズムバッハ中佐、ソウォグブ大尉、グニッシ大尉といったエースたちもML136に搭乗した。クルールが第302飛行隊から転出したあと、この機体はマリヤン・ドゥリャッシュ少佐の乗機となった。ML136は1945年1月1日、ヘント飛行場でドイツ空軍の「ボーデンプラッテ」攻撃に遭い、地上で破壊された。［ボーデンプラッテ作戦は、第II戦闘機軍団の昼間戦闘機を総動員してオランダ、ベルギー、フランス内の連合軍基地に対し大規模な攻撃を加え、その優位を覆す目的で1945年1月1日早朝に実施された。しかし作戦の結果、連合軍は500機あまりが損害を受けたものの、物量でその損失を埋めたのに対し、ドイツ空軍は多くのベテランパイロットと機材を失い敗北。この結果、在来機を有する本土防空部隊は回復不能なまでに弱体化した］

39
スピットファイアXVI　TD317　1945年4月　ノルトホルン
第308飛行隊長　カロル・ブニャック少佐
TD317はヨーロッパ戦終結前にPAF部隊に到着した数少ない水滴風防型のMkXVIである。第308飛行隊のエンブレムが前部風防の下に描かれているのに注意。第2戦術空軍の規定に従って、機体が地上にあるとき目立たぬよう、スカイ色の胴体帯およびスピナーはもっと暗い色調に塗り替えられている。ブニャックは1939年に撃墜2、協同撃墜1をあげ、1940年には第32、第257各飛行隊に属して、さらに撃墜4、協同撃墜1を加えた。

40
マスタングIII　FZ152　1944年5月　クーラム
第133航空団司令　スタニスワフ・スカルスキ中佐
FZ152は1944年4月8日、第306飛行隊のイェリンニスキ大尉がクーラムにもってきたもので、それからはスカルスキが8月初めに航空団から転出するまで使用した。この間、ノヴィエルスキ大佐、ヴュンシェ准尉（第315飛行隊）などのエースを含む他の操縦士たちも本機で飛んでいる。1944年6月24日、スカルスキは2機のBf109を、どうやら弾丸は1発も撃たず、たがいに空中衝突させて落としているが、そのときの乗機も多分FZ152だった。このマスタングには彼のスコアボードと個人識別記号SSが書かれている。スカルスキは1943年遅くに第131航空団に着任後、乗機スピットファイアIX BS556をS-Sとしたが、これがPAFの中佐たちの中では自分の頭文字を識別記号に使った始まりであったと思われる。

41
P-51B　43-6898　The Deacon　1944年5月　デブデン

第4戦闘群第334飛行隊長
ヴァツワフ(ウィンスロー)=「マイク」・ソバンニスキ少佐

ソバンニスキの個人用機はすべてQP-Fと記号をつけていたが、「マイク」はときおりハワード・ハイヴリー少佐の通常の乗機であるQP-Jも使用した(特に5月22日、ニック・メギュラがP-51B 43-7158/QP-Fでスウェーデンに不時着してからは)。本機でソバンニスキは4月30日、リヨン=ブロン飛行場で1機のBf110を協同で撃墜した。第4戦闘航空群が部隊500機目のドイツ機を落とした日である。1944年5月28日、マクデブルク上空でBf109を1機墜とした際も、「The Deacon」に乗っていた。Dデイ当日、ソバンニスキは午後の出撃にこのP-51Bで飛び立ち、僚機ともども未帰還となった。塗装は米陸軍航空隊の標準で、上面オリーヴドラブ、下面ライトグレー。Dデイ直前、この機体も胴体周りと両翼にインヴェイジョン・ストライプが塗られた。ハワード・ハイヴリーのスコアボード、9個の黒十字に加え、彼の個人エンブレム「The Deacon」が描かれている。

42
マスタングⅢ　FB145　1944年5～6月　クーラム
第315飛行隊　ヤクップ・バルギエウォフスキ曹長

FB145は1944年4月13日、バルギエウォフスキ曹長が第84航空群支援隊(GSU)から第315飛行隊に空輸し、以後彼の通常の乗機となった。1944年6月12日、彼はこのマスタングで最初のスコアをあげた。カン南方への出撃で、12時40分ごろ、第315飛行隊の4機は7機のFw190と遭遇、ホルバチェフスキ少佐とマチェイ・キルステ中尉がそれぞれ1機を撃墜し、バルギエウォフスキは2機を落とした。1944年7月22日、FB145は事故で破損し、第315飛行隊に再び戻ることはなかった。

43
マスタングⅢ　FB166　1944年6月　ブレンゼット
第315飛行隊長
エウゲニウッシュ=「ジュベック」・ホルバチェフスキ少佐

FB166はインヴェイジョン・ストライプ、部隊章、ポーランドの四角を含む、当時の標準的なマーキングが施されている。ホルバチェフスキのスコアボードは白縁付きの12個の黒十字(撃墜)と、20個の爆弾のマーク(急降下爆撃の回数)から成っていた。この機体は1944年4月13日にアストン・ダウンからタモヴィッチュ軍曹が空輸し、その後ホルバチェフスキの乗機となった。6月12日、「ジュベック」は第411点検修理隊(RSU)での検査が済んだばかりの本機に搭乗し、Fw190を1機撃墜したが、対空砲火に撃たれて、そのまま第411点検修理隊に逆戻りした。

44
マスタングⅢ　FZ196　1944年6月　クーラム
第306飛行隊　ウワディスワフ・ポトツキ大尉

6月7日夕刻、ポトツキはUZ-Dに搭乗して、アルジャンタンとカンのあいだでBf109を2機墜した。開戦時、ポトツキはデンブリンの士官候補生で、1942年に第306飛行隊の一員となり、1944年にはドイツ機撃墜4、協同撃墜2を公認された。終戦時には第315飛行隊長で、その後第309飛行隊に移った。のちに彼はエンパイア・テストパイロット・スクールを卒業し、アヴロ・ヴァルカンのテストに従事した。やがてカナダに移住し、1959年にはアヴロ・カナダ社で、悲運のCF-105「アロー」をテストした。

[CF-105「アロー」は核兵器を搭載し北極圏からの侵入が予想される長距離爆撃機を迎撃するために、カナダが総力を結集して開発したマッハ2級の全天候型超音速迎撃機であった。1958年3月25日に初飛行したアローは期待通りの高性能を示したが、5号機完成の段階で開発費、機体価格ともに当初の予定を天文学的規模で上回ってしまった。1959年2月20日、のちにカナダ人が「ブラック・フライデー」と呼ぶこの日、アヴロ・カナダ社に量産を待つ数十機分の部品が揃い、6号機もまもなく完成という時に、カナダ政府は突然アローの開発・生産中止を決定。中止の発表と同時にアヴロ・カナダ社の工場勤務者は作業の中止を命じられ、1万4千人すべてが即時解雇される。設計図から関連機材までが廃棄され、機体もすべてスクラップ処分となった]

45
マスタングⅢ　HB886　1944年8月　ブレンゼット
第133航空団司令　タデウッシュ・ノヴィエルスキ大佐

当時の多くの高級将校の例にならい、ノヴィエルスキも自分の頭文字を機体識別記号に使用した。そのほかは彼のマスタングのマーキングは標準的なもので、1944年晩夏のこのころ、Dデイのストライプは翼と胴の下面だけに残されている。HB886はのちにルットコフスキ中佐が記号をKRに変えて使用した。ノヴィエルスキは1941年に第316飛行隊に勤務し、1942年初めに第308飛行隊長、1942年半ばからノーソルト航空団本部付きとなった。1943年6月には第2ポーランド航空群の指揮を執り、同年10月、同航空群が第2戦術空軍の一部となって第133航空団と改称されたあとも、引き続き指揮官を務めて、1945年2月までその職にあった。

46
マスタングⅢ　FB353　1944年8月　フリストン
第316飛行隊　ロンギン・マイエフスキ大尉

マイエフスキ大尉は敵飛行機撃墜という面ではエースではないが、V1号を相手に、この称号を獲得した。FB353を振り当てられたとき、彼のスコアは「ダイヴァー[V1号]」7基撃墜、Fw190を1機協同撃墜というものだったが、この最終スコアはのちに5基プラス協同1基に減らされた。1944年も遅くなって、この機体は第315飛行隊に移管され、PK-Hのコードで飛行隊長アンデルッシュ少佐の乗機となったが、スコアボードはマイエフスキのもののままだった。

47
マスタングⅢ　HB868　1944年9月　ブレンゼット
第133航空団司令　ヤン・「ヨーハン」=ズムバッホ中佐

スカルスキの古い友人でライバルでもあったズムバッホは1944年夏、第133航空団の指揮を引き継いだ。9月25日、「ヨハン」がFw190を1機撃破(公認)した際、彼はこのマスタングに搭乗していたと思われる。この戦果をあげるまで、彼のスコアはEN951「ドナルド・ダック」を使用していたころから、ほとんど伸びていなかった。1944年にはズムバッホはもう乗機にディズニーのキャラクターを描かなくなっていた。コクピットの下には依然、全戦果を示すスコアボードが色あざやかに描かれていた。

48
P-47D　42-25836　PENGIE Ⅲ　1944年5月　ボクステッド
第56戦闘航空群第61飛行隊
ボレスワフ=「マイク」・グワディッホ大尉

このP-47Dは米陸軍航空隊の標準通りの無塗装で、部隊マーキングとしてカウリングに赤帯が施され、方向舵も赤く塗られている。グワディッホは同じ名前の機体を何機か使用しているが、この一代前の機体(42-75140 PENGIE Ⅱ)は3月8日に失われた。グワディッホはFw190を1機撃墜したあと、ドイツのエース、ゲオルク=ペーター・エーダーとその僚機に目をつけられたが、ドイツ軍対空砲火の上を飛んでうまく逃れ、英国にたどりついたものの、燃料が無くなって落下傘降下している。8月には水滴風防型のP-47D 44-19718 PENGIE Ⅳが、この機に代わって登場した。

49
P-47D　42-26044　Silver Lady　1944年7～8月　ボクステッド
第56戦闘航空群第61飛行隊　ボレスワフ=「マイク」・グワディッホ大尉

「シルヴァー・レディ」はレスリー・スミス大尉の乗機だったが、ポーランド人操縦士たちもたびたび本機を使用した。7月5日、グワディッホは本機でBf109を1機撃墜し、8月12日にはJu88を1機落としている。42-26044は全面無塗装で、P-47ではめずらしく、マルカム風防に改修されている。1944年晩夏には胴体下面にDデイのストライプがはげかけて残り、標準の赤い部隊塗装がカウリングと方向舵に施されていた。

50
マスタングⅣA　KM112　1945年遅く　コルティシャル

第303飛行隊長　ボレスワフ=「ガンジー」・ドロビンニスキ少佐
KM112は第303飛行隊がマスタングを使用していたあいだ、一貫して隊長乗機だった。変わっているのは左翼下面のシリアルナンバーで、誤ってミラーイメージ(裏返し)に書かれている。ほとんどのマスタングⅣA(P-51K)と同様に、本機も全面無塗装で、識別文字は黒。ポーランドの四角章がカウリングに、部隊章がコクピット下に描かれている。

51
マスタングⅣ　KH663　1946年　ヘーテル
第303飛行隊　ヤクブ・バルギエウォフスキ准尉
KH663は英空軍に送られた30機のマスタングⅣ(P-51D)の最初のバッチの1機で、英空軍の標準的な温帯用迷彩を施されているが、これは英国における水滴風防型マスタングの塗装としてはきわめて異例に属する。細部のマーキングは普通のもので、識別文字と後部胴体の帯はスカイ色、機首にポーランドの四角章、キャノピーの下に部隊章がそれぞれ描かれている。バルギエウォフスキは1946年中、KH663をふだん乗機としていたが、ズムバッホ中佐も古巣の部隊を訪れた際、この機体で飛んだ。

パイロットの軍装　解説
figure plates

1
Ko 軽防衛小隊(ELD)所属のアドルフ・ピエトラシャック上級伍長
ピエトラシャックは1940年6月、ブールジュでコシンニスキ大尉の「煙突小隊」に属して協同撃墜3機のスコアをあげ、のちに英国でこれに撃墜7機、協同撃墜1機を加えた。身につけているのはフランス軍操縦士の標準的軍装。落下傘縛帯がシート型であること、ワンピースのオーバーオール、典型的なフランス帽に注意。

2
ポーランド戦からフランス戦にかけ、もっとも武勲をあげた操縦士のひとり(撃墜1、協同撃墜6、協同撃破4)ヤン・クレムスキ伍長
クレムスキはクラクフ連隊の第121飛行隊に勤務していた。標準的な戦闘機操縦士の夏用飛行服、ヘルメット、ゴーグルを身につけている。黒の革靴は正規のものだが、手袋は私物として購入したものらしい。

3
ポーランド戦でのトップ・スコアラーのひとり、
ヴォイチェッホ・ヤヌシェヴィッチュ中尉
ヤヌシェヴィッチュは第111飛行隊長グスタフ・シドロヴィッチュ大尉が開戦初日に負傷したあと、代わって部隊の指揮を執った。この図のヤヌシェヴィッチュは正装軍服の上に戦闘機操縦士用革コートを着ている。飛行帽とゴーグルも制式のものだが、色鮮やかなスカーフは断じてそうではない。

4
第317飛行隊長ヘンリック=「ヘショ」・シュチェンスニ少佐
この図の1941年11月の時点では、シュチェンスニは撃墜6、協同撃墜3、不確実撃墜1、撃破2のスコアをあげていた。1943年4月4日、彼はさらに2機をスコアに追加するものの、相手のFw190と空中衝突して、乗機スピットファイアⅨから脱出、やがて捕虜となった。図では英空軍戦闘服の上に1938年型アーヴィン・ジャケットを着、1936年型飛行靴を履いている。

5
第131航空団司令「ホラビヤ・オレシ」(アレック伯爵)こと
アレクサンデル・ガブシェヴィッチュ大佐
ガブシェヴィッチュは1944年後期に第131(ポーランド)航空団の指揮官を務めた。図では正規の英空軍戦闘服を着ているが、飛行靴でなく黒靴を履いている。戦闘服の肩には「POLAND」の文字布、胸には彼が得た数多い勲章の略章が飾られている。このころのガブシェヴィッチュは Virtuti Militari の金十字章(それまで空中勤務者に贈られたポーランドの最高勲章で、彼はその最初の受章者)、同じく銀十字章、横条付きDSO、横条付きDFC、横条3本付き「Krzyż Walecznych」(武功十字章)、椰子の葉付き「Croix de Guerre」(軍功章)などを受けていた。首には第316飛行隊の暗赤色のスカーフを巻いている。[ホラビヤ=Hrabia はポーランド語で「伯爵」という意味]

6
フランス戦でのポーランド人トップエース、
エウゲニウッシュ・ノヴァキエヴィッチュ軍曹
彼はのちに第302飛行隊でさらにスコアを増やした。英空軍官給のライトブルーのシャツと黒タイに、1938年型アーヴィン・ズボンと黒革靴という、一風変わった組み合わせの上に戦闘服の上着を着用している。階級章の上に「POLAND」の文字布が付いているのに注意。

ACNOWLEDGEMENTS
The publication of this book would not have been possible without the help of Polish and Allied veterans - and their families - who shared with us their memories and archives (they will forgive us listing their names alphabetically rather than by rank); Beryl Arct (widow of the late Bohden Arct), Jakub Bargiełowski, Stanislaw Bochniak, Michał Cwynar, Bolesław Gładych, Czesław Główczyński, James Goodson, Jack Ilfrey, Edward Jaworski, Bolesław Jedliczko, Thomas E Johnson, J Norby King (who allowed us to quote passages from his book, *Green Kiwi Versus German Eaggle - The Journal of the New Zealand Fighter Pilot*, New Zealand 1991), Wojciech Kołaczkowski, Charles Konsler, Piotr Kuryłowicz, Donald S Lopez, W J Malone, Ludwik Martel, W M Matheson, Eric H Moore, Bożydar Nowosielski, Ignacy Olszewski, Witold Pomarański, Tom Ross, Tadeusz Sawicz, the late Ian Shand, Frank Speer, Tadeusz Szlenkier, Jerzy Szymankiewicz, John Tilson, Jack Torrance, Mirian Trzebiński, the late Witold Urbanowicz, Stanislaw Wandzilak and the late Stefan Witorzeńć.

Our reserch into the subject of Polish aces was inspired years ago by Józef Zieliński and Dr Alfred Price. Whilst working on the subject we have received continuous support from Jerzy B Cynk, which has proved to be invaluable for he was working at the same on his fundamental work about the Polish Air Force in World War 2 (it is noteworthy that Mr Cynk's pioneering *History of the Polish Air Force 1918-1968* was published 26 years ago by Osprey), which is due to be published in 1998. We also received invaluable assistance from Krzysztof Chołoniewski, an expert in Polish Air Force aircraft serials and codes, and from Andrzej Suchcitz of the Polish Institute and Sikorski Museum in London. Several chapters of this book appear with substantial assistance from our friends, whose names can be found at the start of the relevant sections (which by no means implies that their help was limited to these respective chapters alone). Other good friends provided information of a more general nature, or made available documents or photographs of special value. Thank you Peter R Arnold, Donald L Caldwell, Stefan Czmur, Seweryn Fleischer, Franciszek Ksawery Grabowski, Mariusz Gronostaj, Dr Jan P Koniarek, Tomasz Kopański, Wojciech Łuczak, Jerzy Pawlak, Michael Payne, Thomas Rajkowski, Pawel Sembrat, Christopher Shores, Robert Stachyra, Olivier Tyrbas, Krzysztof Wagner, Grzegorz Zaleski, Mariusz Zimmy, the staff of *IV Liceum Ogólnokształcace im. kpt. E. Horbaczewskiego* in Zielona Góra, and especially to the tireless Mrs Maria Tarnowska.

Finally, we would like to acnowlegde Robert 'Buba' Grudzień, who produced all the Spitfire profiles for this book. His efforts to prepare accurate scale drawings, and subsequently his research into actual camouflage/marking combinations, have proven to be invaluable.

◎著者紹介｜ロベルット・グレツィンゲル　Robert Gretzyngier
　　　　　ヴォイテック・マトゥシャック　Wojtek Matusiak

ポーランドでもっとも高い評価を受けている月刊航空誌『Skrzydlata Polska』の編集者。ヨーロッパでは他の追随を許さないポーランド人エースの研究家として、高い評価を受ける。また、ポーランド人以外のRAFエースについても、英国人の高名な歴史家に匹敵するほどの知識をもつことで知られている。

◎日本語版監修者紹介｜渡辺洋二（わたなべようじ）

1950年愛知県名古屋市生まれ。立教大学文学部卒業。雑誌編集者を経て、現在は航空史の研究・調査と執筆に携わる。主な著書に『本土防空戦』『局地戦闘機雷電』『首都防衛302空』（上・下）『ジェット戦闘機Me262』（以上、朝日ソノラマ刊）。『航空ファン イラストレイテッド 写真史302空』（文林堂刊）、『重い飛行機雲』『異端の空』（文藝春秋刊）、『陸軍実験戦闘機隊』『零戦戦史「進撃篇」』（グリーンアロー出版社刊）など多数。訳書に『ドイツ夜間防空戦』（朝日ソノラマ刊）などがある。

◎訳者紹介｜柄澤英一郎（からさわえいいちろう）

1939年長野県生まれ。早稲田大学政治経済学部卒業。朝日新聞社入社、『週刊朝日』『科学朝日』各編集部員、『世界の翼』編集長、『朝日文庫』編集長などを経て1999年退職、帰農。著書に『日本近代と戦争6　軍事技術の立遅れと不均衡』（共著、PHP研究所刊）など、訳書に『編隊飛行』（J・E・ジョンソン著、朝日ソノラマ刊）がある。

オスプレイ・ミリタリー・シリーズ
世界の戦闘機エース 10

第二次大戦の
ポーランド人戦闘機エース

発行日	2001年6月9日　初版第1刷
著者	ロベルット・グレツィンゲル ヴォイテック・マトゥシャック
協力	トマッシュ・コット
訳者	柄澤英一郎
発行者	小川光二
発行所	株式会社大日本絵画 〒101-0054 東京都千代田区神田錦町1丁目7番地 電話：03-3294-7861 http://www.kaiga.co.jp
編集	株式会社アートボックス
装幀・デザイン	関口八重子
印刷／製本	大日本印刷株式会社

©1998 Osprey Publishing Limited
Printed in Japan
ISBN4-499-22746-1 C0076

Polish Aces of World War 2
Robert Gretzyngier
Wojtek Matusiak

First published in Great Britain in 1998, by Osprey Publishing Ltd, Elms Court, Chapel Way, Botley, Oxford, OX2 9LP. All rights reserved.
Japanese language translation
©2001 Dainippon Kaiga Co., Ltd.